JN113689

Les animaux fabuleux
Légendes et superstitions

© First published in French by Rustica Editions, 2018.

Direction : Guillaume Po
Direction editoriale : Elisabeth Pegeon
Edition : Julie Parpaillon, Vanessa Martel
Mise en pages : Florie Cadilhac
Direction de fabrication : Thierry Dubus
Fabrication : Sabine Marion

This Japanese edition was produced and published in Japan
in 2024 by Graphic-sha Publishing Co., Ltd.
1-14-17 Kudankita, Chiyodaku,
Tokyo, 102-0073, Japan

Japanese translation © 2024 Graphic-sha Publishing Co., Ltd.

Printed in China

夢幻の動物事典

～魔法の生きものか、それとも悪魔か～

g

Sommaire

目次

Introduction
はじめに

Animal électuaire et merveilleux
動物たちの不思議な薬効

古代から中世に至るまで、人間にとって動物は益をもたらすこともあれば、不幸を招くこともあるきわめて特異な存在でした。ギリシア、ローマ、エジプトで、神々から予兆を読みとる占い師たちが神話に登場する神々に捧げた動物は、当時、薬草の代わりに薬の原料として調合されていました。

アリストテレス（紀元前4世紀）や大プリニウス（23-79）が残した科学的著作は注目に値します。アリストテレスは動物界を厳密に研究し、架空の動物と物語を排除しました。大プリニウスは『博物誌』全37巻を著し、そのうち8〜11巻は昆虫を含む動物一般について、28〜32巻は動物をもとに調合した薬について述べており、学問体系や批判的観点から書かれてはいないものの、当時の薬の知識をいまに伝えています。アリストテレスの著作から数多くを引用する一方で、「宝ものの番をする竜」をはじめとする想像上の動物が登場する伝説にまつわる記述も豊富です。

Bête magique ou diabolique

魔法の生きもの、それとも悪魔？

中世、医者は魔術師でもあり、過去の賢者や博物学者たちの知識を頼りとしていました。処方薬には動物の体（肉、血液、内臓、糞）から抽出されたエキスが含まれ、病を転移させて癒すだけではなく、魔術師の行う儀式にもかかわっていました。疑うことを知らぬ人びとの善良さをいいことに、魔術師たちは彼らに迷信を吹きこんでいたのです。暗い色をして、習性が変わっているというだけで、その動物は悪魔の手下とみなされることもありました。魔女と一緒に集会（サバト）に参加した動物の体には、魔女がとり憑いていると噂されたものです……。

おまもりや夢を売り歩くペテン師たちは、動物たちをいいように利用しました。魔法の媚薬、軟膏、粉薬には動物由来の成分が含まれており、のちに動物たちが、魔法の片棒を担いで悪魔祓いや魔法や呪術にかかわったとして、どれほど苦しもうがかまうことなく、残酷にも動物たちは人間に釘で打ちつけられたりもしたのです。

界 *Règne*:
動物界
綱 *Classe*:
クモガタ綱
目 *Ordre*:
クモ目

L'araignée

蜘蛛

　蜘蛛はまさに魔界に棲む生きもので、その資質には驚かざるをえません。

　「蜘蛛の本領はその巣にある。これほど完璧な織りものがほかにあるだろうか。風に吹かれてもちぎれることなく、獲物をよりよく包むためのじゅうぶんなゆとりがある。獲物の蠅は罠にかからないよう用心しているため、蜘蛛は穴に身を潜めている。[…] 蜘蛛は生まれつき幾何学的で、常に中央に位置し、放射線を発し、円を描き、それらを絶妙なバランスで成し遂げる」（大プリニウス[1]）。

　蜘蛛は頭胸部と腹部に分かれるずんぐりした体に、とげのある毛むくじゃらの8本の脚を特徴とし、4組計8つの眼があります。基本的に昆虫を食べますが、大型の蜘蛛は小型の哺乳類や鳥を消化することもできます。いつの時代でも、人間にとって蜘蛛に嚙まれることは脅威でした。中世ドイツの預言者、教会博士ヒルデガルト・フォン・ビンゲンは、蜘蛛に嚙まれたときの予防策として石の効果を提唱しています——「蜘蛛が人を刺したときは、体を循環する血管内に毒が入る前に、直射日光か熱した煉瓦で瑪瑙を熱すること[2]」。石を「患部にあてる[3]」ことで、石が毒を吸収してくれるものと考えられていたのです。

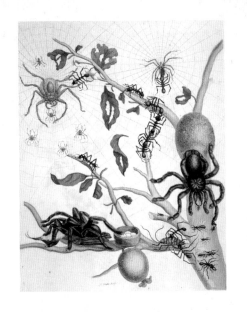

Charmes bénéfiques

蜘蛛の効能

蜘蛛の巣がもつ不思議な効能は、古代から賞賛されてきました。I世紀ギリシアの医者であり物理学者、植物学者でもあるペダニウス・ディオスコリデスは、「傷が浅ければ、蜘蛛の巣を傷口にあてることで出血を塞ぎ、炎症を防ぐことができる⁴⁾」と書いています。中世、ヒルデガルト・フォン・ビンゲンは、蜘蛛の巣が張った菩提樹を緑の貴石に配した指輪で、悪疫感染のおそれがある悪臭を退けたといいます。⁵⁾

Charmes bénéfiques

注目される力

妖精たちが、蜘蛛の巣の力を用いたというのは本当でしょうか？ たしかに、驚異的な力を発揮する妖精もいます。体長20mmに満たないミズグモは、水面に絹糸で釣り鐘状の巣を紡ぎます。それというのも、体を覆っている銀色の毛に空気を保持することで、水中の巣にいてもやすやすと呼吸できるからです。獲物を捕えるとき以外、蜘蛛が寝室兼食堂兼子ども部屋である巣から外に出ることはありません。10mm未満の小さなハナグモにも驚かされます。ハナグモは北半球全域に生息し、甲羅があって横や後方に移動することからカニグモとも呼ばれています。白や黄や緑に色を変えるこの蜘蛛に噛まれたが最後、獲物は内臓を吸い尽くされて死に至り、あとには亡骸しか残りません。

このほか、神々を称える昆虫としてはゴミグモの一種が挙げられます。一見アーティスティックなこの蜘蛛は、敵を欺く策略家。植物や昆虫の死骸を使って巣に自分のコピーをつくると、その下に身を潜めて獲物を待ち伏せ、攻撃を仕掛けるのです。

Eamus ad Quesitum Quattuor Elementorum
S.D.1442H

Huile d'araignées

❖━━━◆◦◆◦◆━━━❖

蜘蛛の油

中世、魔術はおもに庶民階級の女性によって実践され、その技術は口伝えに伝承されてきました。植物や動物の体の一部を成分とする霊薬、煎じ薬、軟膏は病を治すだけでなく、呪いを祓って遠ざけるはたらきがありました。蜘蛛はこうした「薬」の成分に含まれていて、ペストやコレラなどの悪性の熱、梅毒に効果を発揮しました。1807年に流通していた処方[6]は以下のとおりです。

- 「体の大きい屈強な蜘蛛45匹を、釉をかけた壺」に入れる
- 「ヘンルーダの新芽とニワトコの花」を加える
- 「ミミズ、セントジョーンズワート、ビネガー」を注ぐ
- 「蓋をして」、「弱火で煮詰める」
- 漉した液を「壺」に入れ、「新たに25匹の蜘蛛を加えて、薔薇のエキス2/3ドラクマに溶かした樟脳 2/1ドラクマとともに12時間湯煎」にする
- 「使用するまで、煎じた液を動かさないでとっておく」

Présages

前兆

古代、旗や神々の彫像に張られた蜘蛛の巣は凶兆だと考えられていましたが、常にそうだったわけではありません。身近なところでは、「蜘蛛が這ったり糸を吐いたりしていたら、お金が手に入る[7]」、「蜘蛛を踏みつぶすと幸せがやってくる」と言っています。かつて、富くじに当たりたいと願う女性は、「夜、四角い小さな紙に90までの数字を書いて、蜘蛛と一緒に箱に入れておき、夜のあいだに蜘蛛が紙を裏返していたら、その紙に書いてある数字が翌朝のくじで当選する[8]」と信じていました。「朝に蜘蛛を見ると悲しいことがある」、「お昼に蜘蛛を見ると少しお金が手に入る」、「夜に蜘蛛を見るといいことがあると期待できる」ともいわれています。

La belette

界 *Règne*:
動物界
綱 *Classe*:
哺乳綱
目 *Ordre*:
ネコ目
科 *Famille*:
イタチ科

イタチ

　田舎でよく見るイタチ（*Mustela nivalis*）は、ヨーロッパに生息する小型の肉食獣で、優れた聴覚と視覚を備えています。背には赤茶、お腹には白い毛が生えていて、長い尾があります。20〜25cmのしなやかな長い体で、小さな穴（直径；約25mm）にも潜ることが可能です。

　ネズミ、ハト、スズメなどを食べ、冬には屋根裏や納屋に引っ越してきて、春になるまでそこにいて子供を産みます。

　夏になると、茂みに「草の葉やわら、鳥の羽根、動物の毛でこしらえたベッド」のある巣をつくります。生まれたばかりのイタチは耳が聞こえず目も見えませんが、2か月もすると「母親を追いかけまわす」ようになります。[1]

Mauvais présages

凶兆

「イタチは、猫と同じように、子どもを口にくわえて運ぶせいで、口の中に子どもを産むと信じ」られていて、古代の人にとってそんなイタチを見かけることは「悪い知らせ」だとされました。もっぱら捕食者として肉を食べるこの動物が夢に現れると、その男性には「悪妻」[2)] が いるか、これから娶る運命に あるのだそうです。

L'imposture du diable
イタチに化けた悪魔

11世紀末のフランス北部ボーヴェの詩人、修道士、説教師ヘリナンドゥスは、ゴントランという名の兵士の驚くべき話を語っています。ある日のこと、田舎の村で夕食をとったのち、ゴントランは眠ってしまいます。連れのものが見ていると、その大きく開いた口から、「小さなイタチのような白い動物」が出てくるではありませんか。その動物は近くを流れる小川まで走っていきますが、流れを渡る方法がわからず、行ったり来たりしています。連れのひとりが剣を抜き、それを小川に渡して橋をかけてやると、イタチは向こう岸へ渡ってあたりをぶらぶらしたのちに同じ道を通って、眠っている男の口に戻ってゆきました。

そこでようやくゴントランが目をさましたので、友人たちが「眠っているあいだに夢を見なかったか」と訊ねたところ、兵士は「長い旅に出ていたので疲れた。鉄の橋を2回渡って、宝物を見つけた」と答えました。何よりも驚かされるのは、その後ゴントランが立ち上がってイタチと同じ道をたどると、丘のふもとで立ち止まり、そこの土を掘って宝ものを発見したことです。魔女狩りに反対していた16世紀の医師、悪魔学者のジャン・ヴァイヤーは、著書『悪魔論』の中でこの話を取り上げ、「人びとをだまして、魂と肉体は一体であり、肉体とともに魂も滅びると信じこませた……。多くの人が、この白い生きものは悪魔が化けたもので、兵士の魂だと信じた[3]」と述べています。

le bouc

界 *Règne* :
動物界
綱 *Classe* :
哺乳綱
目 *Ordre* :
鯨偶蹄目
科 *Famille* :
ウシ科

牡ヤギ

　牡のヤギ(*Capra hircus*)は体の丈夫な哺乳動物で、アルパイン、ザーネン、ポワトゥー、ローヴ、ボア、アンゴラ（チベットヤギ）など多くの種を含むヤギ亜科に属します。アンゴラ種は、15世紀フランスの教会で式服を織るモヘアを取る目的でジャック・クールによって持ち込まれました。

　牝に比べると牡は体が大きくがっしりとしていて、力を誇示する長い角があり、顎の下にはひげが生えています。とりわけ匂いがきついため、人からは嫌われがち。乾燥した草原や切り立った岩の多い山岳地方で、草や低木の葉を食べて暮らしていますが、生殖時を除いて、牡ヤギは単独で行動します。

Le diable personnifié

悪魔の化身

　12世紀以降、牡ヤギは次第に悪の化身とみなされるようになりました。中世の図像学では、みだらで魔女と交わるサタンの姿をしています。こうした図像では、長くて黒い毛に覆われた体に手足と耳があり、ヤギひげを生やしています。額には角が3本あって、魔女が集会を開くときなどに、「中央の角から光を発して、一堂を照らす」のだとか。「丸くて大きな目はかっと見開かれ、醜く燃えるよう。人間のような手をしているが、指の長さは一定で、獲物を捕らえる鳥を思わせる曲がった爪がある。ロバのような長い尾には常に人間の黒い顔が描かれ、集会<ruby>に来た魔女たちがそこにキスをする」のだそうです。[1]

　牡ヤギは悪魔の表象として描かれ、ほうきが足りない場合は、魔女を背に乗せて夜の集会まで運びます。「無口で、このうえなく重厚な雰囲気をかもす」レオナールと呼ばれる大きな黒ヤギは「最高位の悪魔で、手下の悪魔のボスとして魔術、黒魔術、魔術師を監督する役割を担っている」といわれています。[2]

Bouc émissaire

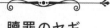

贖罪のヤギ

紀元前11世紀、『レビ記』(ヘブライ人に律法と宗教的儀式について教えるモーセ五書中のひとつ)第16章に儀式に関する次のような記述があります——贖罪の日、祭司アロンはくじを引き、連れてこられた牡ヤギ2頭のうち1頭を主のために選びます。最初にアロンは選んだヤギを捧げものとして屠り、民の贖罪のためにその血を注ぎます。次に、残る1頭の牡ヤギの頭に「両手を置いて、イスラエルの人々のすべての罪責と背きと罪とを告白し、これらすべてを牡山羊の頭に移す」と、人に手綱を引かせて荒れ野のアザゼルのもとへ連れてゆき、解き放ちます。こうして、人びとの不正を贖うために、アザゼルのもとにヤギを残したイスラエルの人びとは静かにみずからを省みたのでした。[3]

アザゼルの名の起源は定かではありませんが、穢れと堕落を象徴するふたりの天使「ウザ」と「アザエル」の名を組み合わせたものだという研究者もいます(現代ヘブライ語で、「地獄へ行くがいい」の意味で「アザゼルのところへ行くがいい」と表現することがあります)。悪魔学者たちによれば、アザゼルは下級の悪魔で、ヤギの番人および地獄の軍団の頭領だそうです。[4]

参考:『聖書 新共同訳』日本聖書協会

Petits faunes

ファウヌス

　ローマ神話に登場する伝説の素朴な半獣神ファウヌスは、未来を預言することができました。体の半分は人間、もう半分はヤギで、頭に角が生えていますが、サテュロス（半人半獣）やシルウァヌス（森の神）と違い、それほど醜くも乱暴でもなく、陽気な一面をもっています。そのため、女性を誘惑する夢魔でもあるとされました。[5]

PAN
Dieu des Campagnes et des Bergere inventeur de la flute

Mauvaise réputation

悪い評判

気どり屋で不潔できついにおいがするのに加え、性行動が常軌を逸しているとあって、紀元前1世紀の昔から、ヤギには醜悪で嫌らしい動物だという悪評がつきもの。ローマの詩人ホラティウスも好色だと評していました。大プリニウスは、牡ヤギは「まだ母親の乳を吸っている7か月の時分から交尾を始める[6]」と断言し、古代ローマの農学者コルメラは、牡ヤギの「欲望は手がつけられず、まだ乳を与えている母ヤギでさえ犯す」と言っています。[7]

牡ヤギの放蕩三昧は古代の昔から語られていることで、上半身が人間、下半身と耳と角がヤギの牧神パンは、ペネロペとヘルメス（オデュッセウスが留守のあいだ、ヤギに変身しました）のあいだに生まれた不義の子といわれています。

界 *Règne*:
動物界
綱 *Classe*:
哺乳綱
目 *Ordre*:
鯨偶蹄目
科 *Famille*:
シカ科

鹿

　「鹿（*Cervus elaphus*）は四つ足の反芻動物。小型の馬ほどの大きさで、[…] 枝分かれした丈夫な角（そのため、鹿の角を"bois（森）"と呼ぶ）で身を守る。先の分かれた蹄があり、赤みを帯びた褐色の毛をしている。[…] 木から落ちる葉の音を聞きわけるほどの優れた聴覚をもつ。[…] 毎年、春の初めに角が生え替わる[1]」──18世紀フランスの卓越した博物学者ビュフォンは、「おとなしくて無邪気で、[…] 植物の葉やつぼみ、冬には樹皮を食べる[2]」この動物について、このように書きました。それは人になつかず、「森林の孤独を好む[3]」鹿の姿を正確に描き出しています。

　ビュフォン伯ジョルジュ＝ルイ・ルクレールは、フランスのコート・ドール、モンバールにある領地で人生の大半を動物の研究に費やしました。その庭に鹿は棲んでいませんでしたが、すぐ近くには森があり、観察にはもってこいの場所でした。

Superstitions

迷信

　悪魔学者たちが「朝、鹿を見ると不幸になる」と主張する一方で、恋愛関係が続いているあいだ、鹿の角と牛糞を粉にして、小さな袋に入れたものを身につけていると、その女性はまちがいなく子宝に恵まれる」ともいわれています。反対に、鹿皮製の袋に「イエユウレイグモ」の体内から取り出した小さなミミズ2匹を入れていたら、まったく逆の効果が得られます。ただし、その効果は1年に限られているそうです [4]。

Éloigner le mauvais œil

不幸を追い払う

女子修道院長ヒルデガルト・フォン・ビンゲンは、著書『神の御業の書』の中で、プリニウスの勧めに基づき、鹿の焼いた角について次のような処方を提唱しています——「角にはその匂いで空気中にいる霊を退ける力があり、呪いや呪術を寄せつけず、元凶を追い払うことができる」：「鹿の角を削って、それに香を加えていっしょに焚くこと」 [5]

⅓ de la grand. nat.

Lithog. de

Cerf commun.

Force vitale

生命力

「その名のとおり、鹿の角は [⋯]、まさに木から生じたかのような形状と色をしていて、毎年、枯れ枝のように落ちては生え替わる。これこそが、すべては生まれ変わり、生命力を取り戻すという明白な証拠だ [⋯]。永遠の再生こそが自然の強い力にほかならないこと、[⋯] すべては滅びる運命にあるが、何ものもそれを止められはしないことを自然みずからが示している」[6]

Furfur

フュルフュール

地獄の帝国で、フュルフュールは燃える尾をもつ鹿の姿をしています。ひっきりなしに嘘をつきますが、三角形の魔法陣内に閉じこめられているときは別で、陣の中では天使の姿をして、しわがれた声で男女の交わりを勧めます。

稲妻を走らせ、雷鳴をとどろかせ、爆発や激しい嵐を呼びます。質問をすると、神さましかご存じないような真実をしゃべります。

魔術のしきたりについて書いた15世紀英国の『レメゲトン（ソロモンの小さな鍵）』によると、フュルフュールは悪魔の序列の34番で、26の軍団を率いているそうです。[7]

Le chat

界 *Règne:*
動物界
綱 *Classe:*
哺乳綱
目 *Ordre:*
食肉目
科 *Famille:*
ネコ科

猫

　リビアヤマネコを起源とするイエネコ（*Felis silvestris catus*）は、ネコ科中もっとも体が小さいのですが、祖先から受け継いだ捕食性はそのままです。肉食で、ネズミや鳥などの小型の獲物を捕まえて食べますが、飛んでいる蠅や蝶に飛びかかるのも嫌いではありません。猫の家畜化が始まったのは新石器時代で、穀物畑を荒らすネズミを捕まえているところを農民の目にとまったのがきっかけでした。古代エジプトで猫は崇拝の対象でしたが、中世には悪魔と同一視されたものです（とりわけ、悪魔の色とみなされていた黒い猫の場合）。

　猫は独立心が強く、いうことを聞かせるのは難しいでしょう。外で気ままに生きていることから「野良猫」と呼ばれますが、今日ではペットとして愛され、約50もの品種があります。愛情を注がれ、危険や食餌の心配がないように、ときには大声で鳴いて要求を示すかと思えば、喉を鳴らし、にゃあと鳴き、うなり声を上げ、愛情たっぷりに寄ってきて、人間や壁やお気に入りのおもちゃにフェロモンをこすりつけ、おしっこをかけて、自分のテリトリーを主張します。家の中ではまるで王さま。ここを居場所にしたのは猫自身で、人間はあたかも「奴隷」のように扱われることも。

Pouvoirs surnaturels

超自然の力

古代エジプトで「9」は神聖な数字（人生の9つのサイクル、過去、現在、未来……）として重んじられていたため、猫には9つの生があるとされました。また、魔術師によると、猫の目は「月の満ち欠けに応じて、大きくなったり小さくなったりする」[1]のだとか。

こうした猫の力が魔女たちの目にとまらないわけがありません。サタンの象徴である黒猫に取り巻かれた魔女は、みずから猫になって集会（サバト）に向かったのでした。

Chats porte-bonheur

幸せを呼ぶ猫

アジアの国では、猫は幸せを呼ぶ動物です。かつては収穫物や蚕の繭をネズミから守ってくれるため、猫はとてもかわいがられました。また、「死者の9つの魂の生まれ変わり」ともみなされています。昔、中国人は猫の瞳孔の開き具合で時間を読みとり、猫には魔法の力があると考えていました。片手を挙げて歓迎する猫の置きものは、富と成功のしるしとして各地で見られます。

フランスのブルターニュ地方の伝説によると、黒猫には少なくとも1本の白い毛が生えていて、それが黒い毛の中で揺れているのを見ると人は抜きたくてたまらなくなるのだそうです。[2]

THE BELL-RINGING CAT.

Bael

バエル

　16世紀のドイツの医師ヨーハン・ヴァイヤーの著書『悪魔の偽王国（Pseudomonarchia daemonum）』中で、悪霊の要覧はこの「バエル」の名で始まります。バエルは序列1番のサタンの帝王で、王国の西方で暮らしています。ヒキガエル、人間、猫の3つの頭があり、しわがれた声をしています。66の軍団を率いるこの偉大なる戦士は、加護を願えば狡猾で抜け目がない人にして、姿が見えなくなる術を教えてくれます。[3]

Le pont du diable

悪魔の橋

フランスのオー・ド・セーヌにあるサン・クルー橋を建設していた建築家は、職人たちに支払うお金がなかったため、悪魔と契約を結ぶことにしました。悪魔のプリンスが必要な費用を負担する代わりに、この橋を最初に渡った者を贈りものとして受け取るというものです。

建築家は頭が切れたため、人間に橋を渡らせるのではなく、1匹の猫を最初に通しました。悪魔は激怒しますが、どうすることもできませんでした。[4]

Métamorphoses

変身

ノルマンディの田舎の古い城に、猫に変身した魔女が集まると聞いて、無謀にも数人の男が荒れ果てた城でひと晩過ごし、噂が本当かどうか確かめることにしました。しかし、男たちはたちまち猫の大群に襲撃されて、ひとりは殺され、ほかの何人かは怪我をします。しかし、猫たちも不死身だったわけではありません。翌日、人間の姿に戻った猫たちは、昨夜の戦いで無数の傷を負っていたために魔女だとばれて、1566年、ヴェルノンの街の広場で火あぶりにされました。[5]

La chauve-souris

界 *Règne*:
動物界
綱 *Classe*:
哺乳綱
目 *Ordre*:
翼手目

コウモリ

　脊椎のある哺乳動物の仲間であるコウモリが地球上に現れたのは、いまから約6000万年前、恐竜が絶命した後のことです。現在、世界中には約1200種のコウモリが存在しています。身近でよく見られるのは、教会の鐘楼を飛びまわるキクガシラコウモリ、森に棲むホオヒゲコウモリとユーラシアヤマコウモリ、壁のくぼみに潜んでいるごく小さなアブラコウモリです。コウモリの体は柔らかな毛で覆われていて、その色は種によって異なります。鳥類と違って、その翼は伸縮性のある飛膜でできており、日本人はその構造にヒントを得て扇を創造したとか。アリストテレスは、コウモリを「皮の翼をもつ鳥」と呼んでいました。

　牝は乳房にしがみつくひなに乳を与え、翼で守りながら運びます。果実が好物ですが昆虫も食べ、光を避けて木の枝、屋根裏、屋根の下、洞窟などに脚でぶら下がって眠ります。日が暮れて狩りに出かけるときは、超音波を発信して周囲にあるものを感知し、障害物を避けて飛ぶのです。

Le vampire

吸血コウモリ

その名を聞くだけで、骨の髄まで凍るような恐怖を覚えるかもしれません。しかし、吸血コウモリの多くは昆虫を食べ、もっぱら血を吸うのは3種に限られます。もっともよく知られているのは、ナミチスイコウモリ (*Desmodus rotondus*)。体長9cmほどの小型の哺乳類で、南米に生息しています。短い光沢のある毛に覆われ、背は濃い茶、お腹は白または灰色をしていることから見分けがつきます。上顎の鋭い門歯、とがった耳、豚のような鼻をもち、人間と同じ速さで飛びかかったり、歩いたりできます。

宵闇が迫るころ、眠っている獲物を求めて、吸血コウモリがねぐらから飛び立ちます。地面すれすれに飛行し、獲物を発見すると起こさないように音もなく接近し、鋭い鉤爪を皮膚に突き立て、傷口から滴る血をなめるのです。ほとんどの場合、襲うのは哺乳類だけですが、人間を襲って狂犬病を媒介することもあります。[1]

Dracula

ドラキュラ

　　ブラム・ストーカーの怪奇小説『ドラキュラ』からイメージされる
　　ものといえば、恐ろしい吸血コウモリや吸血鬼、15世紀に実
　　在した人物ヴラド・ツェペシュ（ヴラド3世）が思い浮かぶでしょ
う。ドラゴン騎士団に属していることから「ドラゴンの息子」を意味する
ドラキュラと呼ばれ、ワラキア公国（現ルーマニア）を統治したこの残酷
な君主は、気に入らない相手をすべて残酷極まりない方法で処刑しまし
た。中でも最悪だったのは、木の杭で刺し殺す処刑法でした。小説ドラキュ
ラの世界でも、「生ける屍を次々と誕生」させる不死の存在を退治するに
は、心臓に木の杭を打ち込む以外ありませんでした。

La grotte aux fées

妖精の棲む洞窟

　昔むかし、偉大なる妖精の女王ファドによって火山が出現し、温泉やミ
ネラル水が湧き出したフランスのオーヴェルニュ地方、ピュイ・ド・プレシニョネ
の丘に洞窟があり、そこでは妖精たちが共同体をつくって暮らしていました。
妖精たちは魔法の杖を振って、若い夫婦を祝福し、揺りかごで眠る生まれ
たばかりの赤ちゃんの幸せを願ったものでした。

　ある日のこと、妖精たちは住まいからほど遠くないピュイ・ド・ドーム（オー
ヴェルニュ地方にある火山）が愛してやまない丘をおびやかすのに憤慨し、
陰謀を企てます。しかし、女王はとんでもないとばかりに妖精たちをコウモ
リの姿に変え、無謀な試みを罰しました。それ以来、かつて自分たちがほ
めそやされていた場所で、コウモリたちは岩の割れ目のあいだを飛びまわっ
ているのです。[2]

Remèdes magiques

魔法の薬

昔、コウモリの血は薬として多くの効能があると考えられていました。「コウモリの血で顔を洗うと目がよくなる」、「お腹をこすると一年中腹痛に見舞われることはない」などが挙げられますが、それ以外にも「脱毛剤になる」ともいわれます。ただし、子どもの頬に塗るときは、コウモリの血のあとに「緑青（ろくしょう）または毒ニンジンの種」を塗布すると効果的だとか。そうすると、「顔のムダ毛が一掃」されて、柔らかな「うぶ毛」をそのまま保つことができます。「コウモリの脳みそ」や「血と肝臓」を混ぜて使っても、同様の効果が得られます。

　ほかにも、コウモリの内臓にはさまざまな効能があるといわれています。例えば、蜘蛛に噛まれた家畜は「コウモリの胆汁とビネガーを混ぜたもの」で手当てをする、アリに噛まれたら「心臓」で解毒するなどです。[3]

Philtres d'amour

愛の媚薬

夫婦が円満な結婚生活を送るには、あらゆる魔法の中でも、「コウモリの血を吸わせた羊毛のかたまりを女性の頭の下に置く」のがいちばんで、ふたりの愛が冷めることはないとされていました。「粉薬や飲み薬にしても、超自然の特性によって、もっともつれない相手でさえ、ないがしろにしてきた者の足元にひざまずく。絶大な効果があるのは黒焦げになったコウモリを調合した薬で、ブランデー色の液体を振ると黒くなる。この薬は、場合によって、飲んだり振りかけたりして用いる」のだそうです。[4]

le cheval

界 Règne :
動物界
綱 Classe :
哺乳綱
目 Ordre :
奇蹄目
科 Famille :
ウマ科

馬

「人間が獲得したものの中で、もっとも有益でもっとも高貴なのは馬だ」と18世紀の博物学者ビュフォンは書いています。この大型の哺乳類は家畜化されてから長い時が経ちますが、世界にはいまだ野生の馬が生息している地域があります。

馬（*Equus caballus*）の体は短い毛で覆われ、草食ですが反芻はしません。蹄はひとつで、たてがみと長い尾があります。草以外に干し草、穀物を食べ、1日に40リットルもの水を飲みます。体の色はさまざまで、鹿毛の馬は赤茶の体に、たてがみ、尾、耳の上が黒くなっています。また、葦毛の馬は白い体に褐色のぶちがあり、栗毛の馬は栗色の濃淡が特徴で、脚が白く斑になっている場合があります。昔の人は、戦闘時、馬は不吉なしるしとみなしました。

馬の視力はあまりよくありませんが、聴覚は抜群で、地震や捕食動物が来るのを察知できます。睡眠は浅く、立ったまま眠ることができます。

Les cavaliers de l'enfer

地獄の騎士

　悪魔は助けを求める人の前に、馬に乗って現れることがあります。シリディルレスという悪魔は道に迷った旅人の前に出現し、黒馬に乗ったキメリエス侯爵は「アフリカ」を統括する20の軍団を率いています。

　白い髪に長いひげをたくわえたフォルカス（フォーラス、またはフルカス）という名の大総裁を務める地獄の騎士は、レジスタンスの活動家のようにも見えますが、槍を手に大型の軍馬にまたがり、29の軍団を率いています。植物や貴石の効力に詳しく、論理学、美学、文法、手相、火占い、修辞学を教え、人を狡猾で抜け目なく、姿を見えなくしてくれます。また、宝ものを探すプロとして、ほかの人も同じようなものが発見できるよう助けてくれます。

　マルティム（またはバティム）は地獄の公爵。青白い馬にまたがって、30の悪魔の軍団を率いています。体が大きく屈強で、人間のようにも見えますが、お尻には蛇のしっぽがあります。フォルカスと同じく、植物や貴石の効力に詳しく、国から国へと全速力で駆け抜けます。[1]

Remèdes de cheval

馬を用いた薬

中世、「馬に乗って戦うのが騎士。騎士たるもの、乗っている馬と愛情で結ばれているのは当然」でした。また田舎では、馬は仕事の道具として、酪農家や農民の生活と密接にかかわっていました。したがって、馬が病気になったら、「十字を切りながら神や聖人に祈り、不可解な言葉を交え、悪をののしる」おまじないを唱えるとよいとされていました。「馬の耳下腺が腫れて呼吸困難になったら、次のように唱えること:アブグラ、アブグリ、アルファラ、アシィ、パテルノソテル……」。より効果的なのは、「日が昇る前に」、お腹をすかせた状態で祈りを繰り返すことです。

馬にとって致命的な皮疽（ひそ）（菌が原因の慢性疾患）の場合、しきたりはさらに厳密で、「3回続けて金曜日に […] 断食」をして、夜は禁欲しなければなりません。

まず、馬の鼻に傷をつけて瀉血（しゃけつ）をします。それから、力をこめて十字を切りながら、祈りを書いたメモをたてがみのあいだに忍ばせておきます。次に、馬を「厩肥（きゅうひ）がうず高く積まれたところ」へ連れてゆき、皮疽でできた腫瘍に馬のおしっこをふりかけます。そうすると、翌月には元気になるということです！[2]

Remèdes de cheval

魔法の馬

シャルルマーニュ（カール大帝）の臣下であるエーモン公爵の一人の息子アラール、ギシャール、ルノー、リシャールはすばらしい力を備えた馬を所有していました。バヤールという名のその馬は、体の大きさはふつうでしたが、背中が伸びて何人もの人を乗せることができました。そんなふうにして、バヤールは、将来、騎士になる4人の息子を背に宮廷を駆けていたものです。

　息子たちは皇帝に忠実に仕えていましたが、ある日、チェスの試合で、ルノーは誤って大帝の甥ベルトレを殺してしまいます。追い詰められた4人はバヤールにまたがり、アルデンヌの森に逃げます。谷をひとっ飛びする魔法の馬のおかげで、兄弟はたちまち追っ手を逃れ、7年のあいだ、森の奥でひっそりと暮らしていましたが、最終的にはシャルルマーニュに見つかって城を包囲されます。

　降伏を覚悟した兄弟が助かったのは、ひとえに忠実なる愛馬とともに秘密裏に城を抜け出したからにほかなりません。バヤールはめまいのするような速さで駆け、敵を逃れてムーズ川を幾度も飛び越えたため、シャルルマーニュの軍隊は次々と川に落ち、これで大帝の怒りも一気に鎮まったのでした。

　それ以来、語り継がれていることを信じるならば、月のない夜に、見事な馬がアルデンヌの森の下草のあいだをさまようようになったとか。そして、周辺の岩には、馬が跳ねたときの蹄の跡がいまも残っているのだそうです。[3]

Le chien

界 Règne:
動物界

綱 Classe:
哺乳綱

目 Ordre:
食肉目

科 Famille:
イヌ科

犬

　家畜化された狼の亜種とされ、長毛種から短毛種まで300種を数えるイヌ（Canis familiaris）は、嗅覚の発達した肉食の哺乳類です。世界中、どの大陸にも生息していて、野生の犬もいますが、大抵、家畜化されています。足が速く、吠えたり、高い声できゃんきゃん鳴いたりします。ほぼ肉食ですが、穀物や緑の野菜を食べることもあります。

　ペットになる以前、犬は狩りのお供のほかに家畜の群れの番をしていましたが、中世になって、領主の生活にかかわるようになります。ハヤブサとともに狩猟に参加していましたが、「そのうち王侯たちが牝や牡の犬を家に入れ、「ベッドで」寝かせるようになると、そこで仔犬が産まれます。17世紀には、「たっぷりとしたマフに仔犬を数匹入れて、連れ歩くことがはやりました（ちょうど、組ひも付きのマフに入るほどの重さでした）」[1]。今日なお、犬は賢く飼い主に忠実で、みなから愛され、ペットとしての地位を不動のものとしています。

Compagnons du diable

悪魔の仲間

『地獄の辞典』を書いた19世紀の文筆家ジャック・コラン・ド・プランシーによれば、通常、犬は魔法使いの忠実な仲間だそうですが、実際は疑いをかけられないよう、悪魔が犬に化けて魔法使いのあとをついて歩いていました（とはいえ、すぐにばれてしまいましたが）。

悪魔が契約を結ぶときには、途方にくれて困っている人にとんでもない約束をしたり、苦しめられている相手に復讐してやるからと言ったりし、説得された人は羊皮紙に自分の血で署名をさせられたものでした。それに悪魔は不可解な符号を書き加え、それから信者の体に犬の足で悪魔の烙印を捺しました。こうして、信者は魔法使いになったのです。[2]

Cerbère

ケルベロス

　ギリシア神話で、地獄の神ハデスが飼っている犬は、頭が３つと竜の尾が[この]世のものとも思われぬ生きものでした。強靭な顎に黒く鋭い牙があり、[首]は蛇がたてがみのように逆立っていました。

　魔界の入り口でケルベロスが見張っているため、生者は中に入ることがで[きず]、逃げ出そうとする死者は震え上がります。それでも、犬をうまくだますことに[成功]した神もいました。例えば、地獄に化粧箱を探しにきた美のプリンセス、プシュ[ケ]は犬の化け物に睡眠薬入りの葡萄酒に浸したお菓子をやって、眠らせること[に]功しました。

　また、トラキアの王の息子オルフェは竪琴を奏でて犬に取り入り、ゼウス[の息]子ヘラクレスは首を絞めて、ほとんど息ができなくさせた挙げ句に地獄へ追[い返]しました。

Cueíllír la mandragore

マンドラゴラの採取

古代ローマの博物学者大プリニウスの時代から中世まで、犬はマンドラゴラ*を引き抜く儀式で重要な役割を果たしていました。この幻覚性の植物には魔法の力があり、集会に行く魔女たちはマンドラゴラからつくった軟膏を体にすりこんで、空を飛んでいました。

採集の儀式は次のような手順で進行します——「魔法の根を手に入れたい者は、生きた犬を呪われた植物につなぐ。つながれた犬が暴れるので、望みの植物は少しずつ引き抜かれる。その様子を物陰からこっそりとうかがい、マンドラゴラが地面から抜かれたら、息を切らしている動物に飛びかかり、ナイフで喉をかき切る。そうすると殺された犬の命が醜悪な根にのり移り、その活力で植物が元気になる。魔法が効果を発揮するにはこれが欠かせない」[3]

*マンドラゴラは引き抜くときに悲鳴を上げ、その悲鳴を聞いたものは死ぬといわれる植物。

Hécate

ヘカテ

ギリシア神話のヘカテは地獄の女神で、占いと魔術を操り、? のしるしである新月を象徴してもいました。女性の体に、獅子? 馬、犬の3つの頭があり、それぞれ月の3相（「上弦の月、下? の月、新月」）に相当しています。ヘカテは街の通りと十字路を管轄し、「地獄では公共の道で警察の役割を果たしていました」[4]

Talismans

おまもり

プリニウスによると、頭痛がするときは「服に犬の毛をつけて」おき、「感冒」（ひどい風邪）を治すには「犬の皮でいずれかの指を」くるむとよいのだそうです。また、アンギナ（扁桃炎）に対しては、「犬の皮帯を首のまわりに3回巻く」療法を提唱していました。

さらに、まじないについて、真っ黒な犬の「左の耳から取ったダニ」をおまもりに入れておくと、あらゆる痛みを鎮めてくれる」と書いています。ダニは死を予見し、「ダニをもって病人のベッドの足元に立ったとき、病人が返事をすれば死に至ることはないが、反対に、何も答えなければ、まもなく死に絶える」のだそうです。[5]

La chouette

界 Règne:
動物界
綱 Classe:
鳥綱
目 Ordre:
フクロウ目
科 Famille:
フクロウ科

フクロウ（ミミズク）

　柔らかな羽毛から飛び出た大きな丸い目は、まるで眼鏡をかけているように見えます。同じ科のミミズクと違って、頭にとがった耳の形をした冠羽（かんむりばね）はありません。ほかの鳥は眼が顔の横についていますが、フクロウの場合は顔の正面にあります。日の光を避けるため瞼を半分（ときには全部）閉じ、まばたきをします。このような姿から「フクロウのように目を回す」と言うようになりました。木にとまったフクロウは、おもしろい仕草や動きをします。頭をぐるりと全方向に回したり、下を向いたり、首をもたげたり、まるでバレエを踊っているようです。実際に、ギリシアの哲学者アリストテレスは、フクロウをダンサーに例えてもいます。ときに嘴（くちばし）を鳴らしたかと思うと、猫のような声を出して鳴くこともあります。

　優れた狩人で、ネズミなどの小型のげっ歯類を捕まえます。フクロウもミミズクもともに夜行性で、ハリネズミ、蛇、カエル、ミミズなどを食べます。

Des vertus surprenantes

驚くべき美徳

魔術書（グリモワール）には、祈祷師が調合する薬や、1世紀の昔に魔術師が用いていた有益な処方が書かれています。

その処方によれば、ミミズクの右足と心臓を、眠っている左胸に置けば、その女性はあらゆる秘密を告白し、何を質問しても答えてくれるそうです。同様に、右足と心臓を腋（わき）の下に入れると、近づいてきた犬が吠えることはありません。さらに、ミミズクの心臓を携えた兵士は、戦場で勇敢に戦うことでしょう。

酔っぱらいにミミズクの卵でつくったオムレツを食べさせると、アルコール中毒が治るといわれていました。同様に、ミミズクの卵は髪にもよいとのこと。いまでも魔術師は、若いミミズクの血は髪を美しくカールさせると請け合っています。[1]

Bons présages

吉兆

ミミズクとフクロウには悪評がつきものですが、不思議なことにいずれも智慧と知識を象徴しています。昔のフランク族は、ハト小屋にミミズクが逃げてきたらいいことがあると喜びました。ただし、ミミズクを捕まえて殺そうとする人は要注意。まちがいなく、即座にばちが当たります。[2]

Pruflas ou Busas

プルフラス（ブザス）

プルフラスは地獄の帝国の大公爵で、ミミズクの顔をしています。26の軍団を配下に従え、バビロニアを治めているとされています。依頼されれば、どんな注文にもとんでもない方法で応じ、不和や紛争や戦争を誘発して、人びとを乞食のようなありさまにしてしまいます。

16世紀にラテン語で書かれた『悪魔の偽王国』は、地獄の悪魔の要覧で、階級や特徴別に分類し、悪魔祓いの方法も紹介しています。その中で、プルフラスは4番目の地位にあります。

Chat-huant et compagnie

モリフクロウとその仲間たち

　モリフクロウ（chat-huant、*Strix aluco*）は、フランスで「鳴き猫」という詩的でおもしろい名前で呼ばれています。なるほど、フクロウやミミズクの羽毛は猫に似ているかもしれません。また、ときおり嘴を鳴らしたり、猫のような声を出したりするのも事実で、やかましく鳴くことと関係しているのでしょう。

　そもそも「モリフクロウのように暮らす」といえば、「大いに騒ぐ」の意。フランスでこの鳥は、地方によって名称もさまざま。ピカルディでは「コ＝カワン」、サヴォワでは「サファルー」、ヨンヌでは「シャルアンヌ」です。

　巷では、むっつりとして孤独でぞっとするような雰囲気の人は、フクロウまたはミミズク扱いされます（ミミズクのように暮らす、ミミズクまたは老フクロウのように悲しい……）。中世、フランス語で「ばか騒ぎ」を意味する「chahut」といえば「情熱的な踊り」、昔のオート・メーヌ地方では「悪魔の周りで踊る魔女のダンス」のことでした。[3]

Oiseaux de mauvais augur

不吉な鳥

月光に照らされて飛ぶ、または木の枝の高みから集会に行く魔女たちを眺めるフクロウ（またはミミズク）を見たことのない人がいるでしょうか（少なくとも、絵本の中ではあるでしょう）。大昔から民間信仰では、夜のフクロウは不吉な予兆とみなされていました。いかさまのような民間療法も含め、医薬に詳しい大プリニウス（23-79）は、ミミズクを不妊の予兆としています。中世、家の屋根にフクロウまたはミミズクがとまっているのを見かけるとよくないことが起こるといわれていました。獲物を追いかけているときにこれらの鳥類が発する悲惨な叫びや、どこからか聞こえてくる陰鬱な鳴き声は、死を告げる不吉なしるしとして恐れられました。

16世紀、新教徒のことをフクロウと呼んで侮辱していたのは、プロテスタントが夜に集会を行っていたからでしょう。当時、メンフクロウ（納屋のフクロウ）が「魔法使いの鳥」または「死の鳥」と呼ばれたのは、空中に脚を突き出して飛んでいるのを見ると人が死ぬと考えられたからです。鋭い不気味な鳴き声は人を怖がらせるので、田舎の人は納屋の戸口にフクロウを打ちつけ、悪運を祓い、住まいを守っていました。[4]

Le corbeau

界 Règne:
動物界
綱 Classe:
鳥綱
目 Ordre:
スズメ目
科 Famille:
カラス科

カラス

　虹色の光沢のある青みを帯びた羽根、大きな嘴、短い脚をもつ<ruby>嘴<rt>くちばし</rt></ruby>カラスは、真っ黒な大型の鳥類です。群れをつくって飛び、野を占領するため、収穫や小型の家畜に害を及ぼさないよう、長いあいだ人間の手で駆逐されてきました。

　漆黒の体でやかましく鳴くことから、集会で騒ぐ魔女たちと結び<ruby>集会<rt>サバト</rt></ruby>つけて考えられてきました。カラスは森や野に棲み、しわがれた鋭い鳴き声を交わします。大きな声を上げて、猛禽類のように空を飛び、死肉とそれに群がる虫に惹かれ、死体に爪を立ててむさぼりますが、ネズミ、蛇、鳥なども食べます。

Maléfices

呪い

呪いをかける人は、「カラスの濡れ羽色の黒い上着」を着た「黒い男の姿」を出現させると、このような格好をする人に怒り、度胸、勇気、思慮、悪意、悪夢などの影響を及ぼすだろうと言っています。黒い上着には、悪魔を追い払うと同時に呼び寄せる力があり、「人間や悪魔や風が悪いことをしよう」と目論むときに使います。

また、カラスの心臓を持ち歩く人に、安息が訪れることは決してありません。心臓を捨てない限り、眠ることができないのです。[1]

Traité domestique de sorcières

魔女の秘薬

太古の昔から、魔女たちは奇跡の処方を語り継いできました。そのひとつが、「カラスの卵を銅製の器で泡立てたものを剃った頭に塗ると、髪が黒くなる」です。ただし、歯まで黒くならないようにするには、髪が乾くまでのあいだ、口に油を含んでいなければなりません。[2]

*Les mages disaient
aussi que pour faire
pousser les cils, il fallait
manger... de la cervelle
de corneille.*

魔術師たちは言う
「まつげを生やすには、
カラスの脳みそを
食すことだ」

Un oiseau maléfique
不吉な鳥

　絵本を見ると、魔女の肩にとまったカラスの姿がよく描かれています。

　「不吉な鳥カラスは、使者として魔法使いと話をし、地獄の主人の意思を伝える」

　古代の人にとってカラスは、ノアによって放たれたハトの1羽でしかありませんでした。長い航海ののち、ノアは水が退いたかどうか様子を確かめようとします。1羽は嘴にオリーブの小枝をくわえて戻ってきましたが、もう1羽は途中で見つけた死体をむさぼるのに夢中で、箱舟に帰ってくることはありませんでした。そのせいで「地上に広がる悪臭」が鳥の羽根に染みついて、白い体が黒くなったとのことです。[3]

Malphas

マルファス

17世紀後半に書かれた悪魔論『レメゲトン』で序列39番に位置するマルファスは、40の軍団を率いる「地獄の大総裁」です。カラスの姿で現れますが、「人間に化ける」こともあります。しわがれた声で話し、「腕のよい職人」を見つけ、難攻不落の「砦や塔」を建て、「敵の城塞を打ち崩す」のだそうです。

反対に、この悪魔に供儀を捧げると、たぶらかされるといいます。4)

Malphas.

Calice du sabbat

❧━━━◆━━━❧

サバトの聖杯

魔女たちが集会を開くのは、高原の荒れ地にある沼のほとり、古い城塞の塔や堀や倒壊した教会などが建ち並ぶ廃墟にある墓地の近くです。「魔術を操る司祭がミサをあげるときは」、聖杯を掲げ、黒い聖体パンを供します。司祭は「黒いカラス！黒いカラス！」と唱えて、悪魔を呼び寄せます。[5]

Le crapaud

界 Règne	
動物界	
綱 Classe	
両生綱	
目 Ordre	
無尾目	
科 Famille	
ヒキガエル	

ヒキガエル

　ヒキガエル（*Bufo bufo*）は、両生類の中でもっともよく見られる種です。ヨーロッパに広く生息し、フランスに棲むカエルの中で最大です（体長12cmに達することも）。赤胴色の眼をして、瞳孔が瞳に水平に入っています。どっしりとした灰色を帯びた茶色い体は乾いていて、触れると炎症を起こす毒をいぼから分泌します。捕食動物に気づくと、後ろ脚で立ち上がってお腹を膨らませ、乳白色の粘液を発射します。3月から4月にかけて、水中の、比較的深いところ、大抵、毎年同じ場所で繁殖します。にぎやかな群れをつくって、その中で牝をめぐって牡が競い合います。牝が水中の植物に産みつけた卵は長い数珠状につながっていて、多くはイモリやトカゲや魚やトンボの幼虫に食べられてしまいますが、一部の卵は無事に孵化し、黒いオタマジャクシになります（体長：約3cm）。産卵期を除き、涼しくてうす暗い湿った地面を好み、夜行性です。餌になる昆虫やミミズ、ナメクジ、カタツムリを求めてのっそり歩くか跳ねたりし、獲物を見つけると、ねばねばした長い舌で捕まえて食べます。ヒキガエルはとても丈夫で、35年以上生きることもあります。

Effrayant et repoussant

嫌悪を催させる恐ろしげな姿

陰気な丸い顔をしたヒキガエルは、魔術や呪い、醜悪さと結びつけられ、ときとして死を連想させます。17世紀、薬学者のルソー神父は、ヒキガエルをじっとみつめると「けいれん、ひきつけを起こし、最悪の場合、死に至る」と語っていました。

　神父自身も、ガラス鉢の底からじっとこちらをうかがっているヒキガエルを前にして、動悸や不安を覚え、恐怖さえ感じたといいます。ヒキガエルの息にも、ときには死をもたらすほどの毒性があり、その点では両生類の唾液や尿と同様です。[1]

Remèdes anti-crapaud
ヒキガエル対策

　ヒキガエルによって生じた症状の治療法について、大プリニウスは多くを伝えています。[2]

- 「ヒキガエルの唾液が目に入ったとき、母乳がきわめて有効であるとよくいわれる。男児、とりわけ双子を産んだ女性の乳であればさらに効果は高まるが、女性は葡萄酒と渋みのきつい食品を控える必要がある」

- 「人がつばを吐きかけると、ヒキガエルはくたばる」

- 「ヨモギを摘んで身につけていると、いかなる動物も恐れることはない。おまもりにするか飲みものに入れれば、ヒキガエル専用の解毒剤になる」

- 「皮がついたままの牝ヤギをヒキガエルと一緒にまるごと焼いたものは、われわれ四足動物にとって、古今東西不変の特効薬だ」

- 「キビを貯蔵する場合、刈り取る前に、ひと晩、畑付近にヒキガエルを連れてきて、その後、新しい土器に入れて畑の真ん中に埋めるという人がいる。そんなふうに用心することで、キビは鳥やミミズの害を免れることができる。ただし、刈り入れ前にはヒキガエルの入った壺を取り除いておくこと。さもないと、キビの実が苦くなる」

Pluies de crapauds

❧ ⦿ ❧

ヒキガエルの雨

古代の昔から、「ヒキガエルの雨」が降ったとの報告が相次いでいます。豪雨のあと、数十匹のガエルが空から降ってきたというのです。中世から19世紀まで、この信じがたい雨はなんらかの呪術の仕業だと考えられていました。

Le dragon

ドラゴン
竜

　太古の昔から、西洋／東洋を問わず、竜は人びとの空想の世界に棲みついていました。多くの人は純粋なる伝説上の動物だとみなしていましたが、18世紀のフランスの博物学者キュヴィエのように実在すると信じていた科学者もいます。

　洞窟に棲んで宝ものの番をし、超自然の力を有する竜は、想像上の生きものの中でも最強です。鱗で覆われた堂々たる体にはコウモリの大きな翼、屈強な脚には鷲の鉤爪があります。小さくてずんぐりした頭には、邪悪な目と火を吐く口、ときにはとがった長い角が認められます。トカゲのようなしっぽは叩きつけると象をも殺す力があるそうです。[1)]

La puissance du mal

悪の力

『ヨハネの黙示録』は、聖書の中で中世にもっともよく読まれた書物です。彩色挿絵で美しく飾られたこの本は、神が使徒ヨハネにもたらした啓示を明らかにしています。修道僧による写本中、もっとも恐怖心をかき立てられるのは竜の絵でしょう。竜が引き起こす死を連想させる血のような赤は、サタンの力を象徴しています。ひざまずく人間の前で首をもたげた怪物の、冠をかぶった7つの頭には10本の角があり、大きく開いた口からは火が噴き出ています。

この寓話的ビジョンは、世界の富は強者のものであることを示しています。あさましくも、竜は先がふたつに分かれた尾で星を掃き寄せ、邪淫をあらわにしているのです。[2]

「また、もう一つの
しるしが天に現れた。
見よ、火のように赤い、
大きな竜である。
これには七つの頭と
十本の角があって、
その頭に七つの冠を
かぶっていた」
──『ヨハネの黙示禄』
12章3節

参考：『聖書 新共同訳』日本聖書協会

L'aura du dragon

竜の威光

力と勇気のシンボルである竜は、征服者に価値を与えます。

ヴァイキング族がヨーロッパの征服に乗り出したとき、船の舳先は竜で飾られていました。ステップの騎兵、ローマ軍、もっと最近ではアンシャンレジーム（フランスの旧体制時代）には竜が紋章に用いられ、火器を装備した軍隊は火を吐く竜との連想から「竜騎兵」と呼ばれました。

Vielles croyances
古くからの信仰

古代ギリシアの哲学者ピロストラトスは、神聖なる魔法使いになるため、アラブ人は竜の心臓と肝臓を食べると述べています。プリニウスをはじめとする古代の博物学者は、ドラコニトと呼ばれる魔法の石がこの伝説の生きものの頭から採れると主張していました。それを手に入れるには、ドラゴンを眠らせてから首を切る必要がありました。[3]

Petit traité de sorcellerie

魔術小論

16世紀、魔女たちが魔術書（グリモワール）『赤い竜』を参考書として参照していたことはまちがいありません。この書物は、天使、空気の精、地の精、悪霊を統率する術を教え、死者をしゃべらせ、死回、富くじに当たり、隠された宝ものを探しあてる秘技を明かしています。

そのほか、摩訶不思議な処方を勧める魔術書もあります。錬金術師のデスパニエは、賢者の庭について、入り口に7つの源から水を引いている泉があると書いています。魔法が効果を発揮するには、その泉で7×3の魔法の数字で竜に水を飲ませて、3種の花を必ず見つけ出さなければならないとのこと。[4]

Saint Georges et le dragon

聖ゲオルギオスと竜

カッパドキアで暮らす家族の息子ゲオルギオスは、4世紀パレスチナのリュッダで、キリスト教を信仰する母親に育てられました。18歳のときに軍人を志し、帝国の軍団司令官としてすぐに頭角を現します。戦場で勝利を重ねたのち、馬でパンフィリア（現トルコのアンタルヤ）を通りかかったとき、恐ろしい竜が人びとを恐怖に陥れ、王の娘アヤを生贄として供することになっていると聞きます。強い信仰に突き動かされたゲオルギオスは、馬に乗って恐るべき竜の元へ向かい、腹に槍を突き刺しますが、怪物はしぶとく抵抗し、征服できそうにありません。そのとき神が現れ、悪魔を退治したのです。ゲオルギオスは神に加護を祈り、そうして奇跡が起きたのでした。

Le signe du dragon

干支

中国の玉皇は天界の宮殿で謁見に応じていたとき、虎と不死鳥と竜がやってきて、人間たちに殺されると不満を述べます。皇帝は「ここはお引き取りいただき、日出の5時に封臣のひと^{にっしゅつ}を宮殿に寄こしなさい。最初に到着したものを人間の誕生年の象徴としよう」と命じました。3匹は、すぐにこのよき知らせを仲間に伝えにいきました。

夜が明けると、宮殿の前に動物たちが集まっていて、扉が開くやわれ先に中に入ろうとします。最初に潜りこむのに成功したのはネズミでした。虎が飛びかかる前に、牛が中に走りこみます。ウサギがそれに続き、竜が「俺こそ、地上最強の動物ではなかったか?」と怒りはじめます。竜は超自然の力を駆使して空中に浮かび上がると、空を飛んで宮殿に降り立ちます。同類のあいだでは5番目でした。さらに、ほかの動物があとに続き、12番目に猪が到着して、12の年を代わるがわる代表する動物たちの枠が締め切られました。

こうして、伝説に基づき、中国の干支が誕生したのです。[5]

75

Le sabre de Mikoto

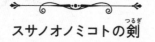

スサノオノミコトの剣(つるぎ)

日本の伝説に登場するヤマタノオロチは、8つの頭と巨大な体をもつ恐ろしい竜です。体内に大きな鐘があって、大蛇が動くたびに108回鳴るのでした。怪物は出雲国の川に棲み、周辺の住人を怖がらせていました。毎年、生贄として娘をひとり供するよう要求しては、むさぼり食っていたのです。8年目、今度は王の末娘クシナダヒメが同じ運命をたどる番でした。悲嘆にくれる王と妻の前に、海と嵐の神で、乱暴狼藉ゆえに天界を追われ、地上に降り立ったばかりのスサノオノミコトが現れ、姫は私が助けるので結婚させてくださいと申し出ます。スサノオノミコトは策略を用いて、竜に近づきました。酒を満たした大きな桶を8つ、垣根をつくってそれぞれ8つの門に置いたのです。酒に惹かれた怪物は、8つの頭を桶に突っこんで飲みはじめると、酔っぱらってまもなく眠ってしまいました。すかさず、海の神が剣をふるって大蛇の頭を切り落とすと、竜の中にひとふりの剣があるのを見つけます。そのとき、勝者の頭上に雲が湧き上がったことから、剣は天叢雲剣(あまのむらくものつるぎ)と呼ばれるようになりました。[6)]

Bune, démon dragon

悪魔の竜、ブネ

17世紀に英語で書かれた、作者不明の魔術書『レメゲトン（ソロモンの小さな鍵）』に引用されている72名中、26番目に挙げられている悪魔ブネは、竜の姿をしています。頭が3つありますが、そのうち人間のものはひとつだけです。

この強大な地獄の大公爵は、話をするときは身振りだけ。墓地に出没し、死体を移動させ、墓の上に悪魔を集めます。自分に仕えるものに富と雄弁をもたらすことで知られ、決して裏切ることはなく、約束は忠実に守ります。悪をなす屈強な悪魔ブニを大勢従え、30の軍団を指揮しています。タタール人からは恐れられますが、魔法使いたちからは歓迎されました。それというのも、魔法使いはブニを飼いならし、その力を借りて未来を予言したからです。[7]

Le hérisson

界 *Règne*	動物界
綱 *Classe*	哺乳綱
目 *Ordre*	真無盲腸
科 *Famille*	ハリネズ

ハリネズミ

　ハリネズミは、6000万年前に地球上に出現した、昆虫を食べ半夜行性の小型の哺乳類です。冬は冬眠して、4月から10月にけて活動し、「やぶや森」、雑木林、庭にいるのが見つかります枯れた葉や枝のあいだに隠れていますが、日が落ちると巣穴をて食べものを探しにいきます。

　小さな足でちょこちょこ歩き、上を向いて空気のにおいを嗅いは大きな音を立て、鼻を鳴らします。昆虫、ミミズ、ナメクジ、カツムリを狩り出そうと、枯葉のあいだにとがった鼻を突っこんで、で地面を掻くのですが、スコップで掘るようなわけにはいきませんときには変わったものを食べたいのか、ひな鳥、卵、カエル、ネミに手を出すこともあります。単独で行動するこの動物について、「自然は針のついた鎧を与えた。[…] 身を守るのに戦う必要も、相手に傷を負わせるのに攻撃する必要もない。[…]（敵に）しつこくきまとわれると、ハリネズミはますます針を逆立てる」と博物学者ビフォンは書いています。[1]

　「触らぬ神にたたりなし」——まさに、昔の格言のいうとおりですハリネズミは危険を察知すると、頭と足を引っこめて体を丸くしますこのようにしてハリネズミは、狐にも勝る抜け目のなさで捕食動物から逃れているのです。

Fabuleux Arkan Sonney

アルカン・ソニーの魔法

　イギリスの沖合にあるマン島の住民は、毎年
4月30日に、羊毛と木製の十字架を玄関に一緒
に掛けておきます。住まいに侵入しようとする
地の精（グノーム）や小鬼などのいたずら好きから護ってもら
えるからです。そんな不届きもののなかでも、白
い毛に赤い眼のアルカン・ソニーという伝説のハ
リネズミは、すばやく駆けて、思うままに体の大
きさを変えることができます。捕まえることのでき
た人は幸いなるかな！　ポケットの中に、銀貨が
1枚入っていることでしょう。

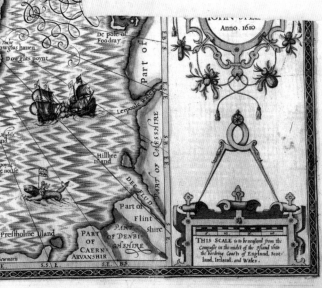

La huppe

界 Règne :
動物界
綱 Classe :
鳥綱
目 Ordre :
サイチョウ
科 Famille :
ヤツガシ

ヤツガシラ

　攻撃性はないものの、人に近づくことはありません。ヤツガ
ラは、体に縞模様のあるとても美しい鳥で、体はツグミより少し
さいぐらい。姉妹群に属する他の9種とともにヨーロッパ、アジア
アフリカ大陸に分布しています。赤茶の羽根に覆われ、背中に
と黒の縞模様があります。頭に羽冠（はねかんむり）があり、ふだんはたたまれてい
ますが、求愛行動をするときは見事な扇状に開きます。フランス語
の名称 “huppe”は、木の高いところ、または屋根の上から聞こ
てくる “Hup-Hup-Hup”という鳴き声から来ています。渡り鳥で
春に来て、秋の初めに南仏に向けて飛び立ちます。[1]

　基本的に昆虫を食べ、地面に降りてアーチ形の長くてとがっ
た嘴（くちばし）で幼虫、アリ、コガネムシ、ケラ、スカラベ、バッタを捕食し
ますが、ときにはトカゲや蛇やカエルを襲うこともあります。木の穴
や壁の割れ目を寝ぐらにし、木の枝を使って簡素な巣をつくります。
ひながかえると巣に糞をして、胸のむかつくような匂いで捕食動物
から子どもを護ります。この特性から、「臭い鳥（pue-pue）」と呼
ぶ地方もあるほどです。

Oiseau sorcier

❖

魔法使いの鳥

 アフリカや中東で、ヤツガシラは常に魔術を用いる儀式にかかわっていて、おまもりには「疫病神」から人を護る鳥の足、眼、羽根が入っています。

かつて魔法使いたちは「ヤツガシラの頭を小袋に入れて」持ち歩けば、人からだまされることはないと請け合っていました。また、ヤツガシラの眼を身につけていれば繁栄が期待でき、胃のあたりに当てておけば「敵と事を荒立てないで」すみます。さらに、顔をヤツガシラの血でこすった人は、夢で悪魔に取り囲まれるのだそうです。紀元前4世紀、古代ギリシアの哲学者アルキタスは、「生きているヤツガシラのぴくぴく動く心臓」を取り出して」服用すると、「記憶力、想像力、理解力が向上し、ものごとを見抜く」秘技を得ることができると語っていました。[2]

Messagère du roi

王の使者

紀元前9世紀ごろ、エルサレムは智慧のあることで名高いソロモン王の統治下にありました。伝説では、王はとてつもない力を備えた魔法の指輪をはめていて、そこには神の名が刻まれているとのこと。このような「驚異のおまもり」の力を介して、王は動物たちや精霊たちと会話を交わしたのです。

「ソロモン王は、すばらしい鳥小屋をお持ちで、そこで鳥たちの鳴き声を聞くことを楽しみにされていました。しかし、ある日のこと、王はヤツガシラが帰っていないことに気づきます。ほどなく戻ってきて肩にとまると、おしゃべり好きなヤツガシラは王にこう申しました——「（エチオピアの）サバの国より戻り、王様がご存じないことを聞いてまいりました。［…］かの国では、一人の女が男たちを支配し、その権力は絶大でした」ヤツガシラの話を聞いて好奇心に駆られた王は、「この遠国の王妃に手紙を届けるよう鳥に命じます。ヤツガシラの翼につけられた手紙には、王の訪問を許可するように、さもなければ軍を派遣する旨が書いてありました」

「王妃はうれしい驚きとともに、この色彩に富んだ美しい鳥を迎え入れます。感嘆と恐怖に引き裂かれながらも、王妃は一瞬たりとも迷いませんでした。智慧の深さで名高い男に会うため、長い旅に出たのです。そのまばゆい美しさに目がくらんだソロモン王は謎めいた問いにもすべて答え、王妃に求婚します。しかし、王にはすでに妻がいたため、王妃は申し出を断ります。それでもふたりは協定を結びました。それは、夜のあいだに王妃が宮殿内のあらゆるものに手を触れることがなかったならば、王は結婚をあきらめるというものでした……。ただし、王妃が協定を破れば、

王の求婚を受け入れるのです。その日の晩餐はとりわけ香辛料が利かせてあったため、王妃は喉の渇きをいかんともすることができず、こうしてふたりは結ばれたのでした

　6か月の月日が流れ、王妃が帰国するときが来ました。荷物の中には、自分の息子への贈りものとしてソロモン王の指輪が含まれていました。3か月後、メネニクが生まれます。王子はエチオピアの初代王となり、ソロモン朝を創設したのでした。[3]

Hommage à la huppe

ヤツガシラに捧げるオマージュ

「おお、ヤツガシラさま、よくぞおいでくださいました！ソロモン王に仕え、私どもの谷の使者であったあなたさまは、幸いにもサバの国境に至ることができました！会議におけるソロモン王との対話はこのうえないものでありました。あなたさまはソロモン王の秘密を共有され、このようにして栄光の王冠を得られたのでございます」[4]

le loup

界 *Règne*:	動物界
綱 *Classe*:	哺乳綱
目 *Ordre*:	食肉目
科 *Famille*:	イヌ科

狼

　20世紀の初めまで身近な森に棲んでいた狼（*Canis lupus*、フランス語ではLoup）は、長いあいだヨーロッパで唯一の大型の野獣でした。ぴんと立った短い耳、長く伸びた鼻先、灰または黒の混じった赤茶の毛で覆われた大きな尾、どう猛な眼、肉をむさぼる牙、優れた聴覚……、人は狼に魅了されると同時に恐怖を覚えます。岩ややぶの中の窪みにうずくまり、1日100kmもの距離を走る狼は、まれに見る組織だった狩りの達人です。

　狼は階級制の群れをつくり、「アルファ」と呼ばれるひと組の牡と牝が指揮する集団内でそれぞれが決まったポジションを占めています。[1]

La louve nourricière

牝狼に育てられる

狼は必ずしも悪いことばかりをしているわけではなく、昔の文明では崇拝されていました。ローマ建国の伝説には、軍神マルスと、ヌミトル王の娘で巫女のレア・シルウィアのあいだに生まれた双子の兄弟ロムルスとレムスが登場します。ヌミトルから奪った王位をいつの日か奪還されることを恐れた王の弟アムリウスは、兄弟に死を宣告します。ふたりは木製の箱に入れられ、波の逆巻くテヴェレ川に投げ入れられますが、牝狼によって危ないところを救われ、乳を与えて育てられます。大人になった双子は、祖父を王位に復位させて都市を建設。しかし、兄弟間の不和からロムルスはレムスを殺害したのでした。

このような経緯から、ローマ帝国は血の染みた大地の中から誕生し、牝狼はこの都市の象徴になっています。[2]

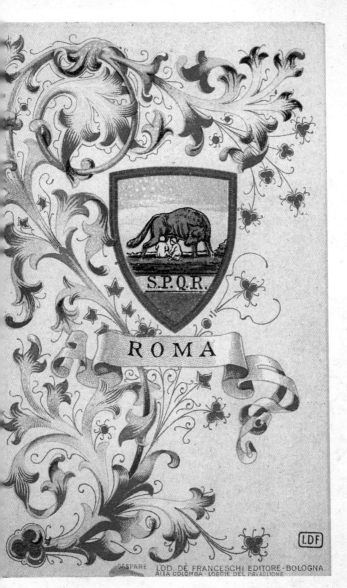

S.P.Q.R.

ROMA

GASPARE LOD. DE' FRANCESCHI EDITORE - BOLOGNA.
ALLA COLOMBA - LOGGIE DEL PAVAGLIONE

LDF

Comment reconnaître un loup-garou ?

ルー・ガルーを見分けるには？

中世、ルー・ガルー（狼男）を見分ける手段はいくつかありました。もっともよく知られているのは、狼と疑われる男の皮膚に傷をつけて、下に毛が隠されていないか確認することです。それというのも、昔からの信仰によれば、「ルー・ガルーに変身するには皮膚を裏返すだけでよい」からでした。また、体にはいくつかの特徴が認められます。脚、手、背中、舌の裏に至るまで濃い毛が生えていること、眉毛がつながっていること、親指がふつうより太くて長いこと、人さし指と中指の長さが同じこと、爪が赤くなっていることで、それらのしるしが認められるとルー・ガルーではないかと疑われます。被疑者の体が弱ったり、食欲がなくなったり、深く落ちこんだり、教会に行くのを避けるようになったりしたら、まちがいありません。

治療法として、昔、6世紀のビザンティウムでは、乳清とマムシを処方していましたし、最終手段は銀の銃弾で撃ち殺すことでした（銃弾は、狩猟の聖人ユベールを祀ったチャペルで聖別してもらうことが条件でした）。[3]

Gare au garou !

ルー・ガルーにご用心

満月の夜は注意してください！ それは変身のとき、悪魔が人間をルー・ガルーに変えて罰する時間（地獄で募集中）です。

この人たちは、7年間、完全に意識を奪われた状態で、7つの町や村で7匹の犬をむさぼり食う刑を宣告されます。犬が見つからない場合は、人間を襲うしかありません。

こうした信仰により、中世からルネサンスにかけて、変身妄想にとり憑かれ、殺人と人食いの罪に問われた数千人の男女が火あぶりにされました。

「変身妄想は、場合によって鬱症とも狼狂とも呼ばれる疾病」で、この病気にかかった人は自分が狼になったと思いこみます。しかし実際は、「鬱症状または激しい怒りが脳に達し、感覚を狂わせるというが、基本的には想像上の気の病……。自分の中で聞こえたり見えたりしたものが、外で聞こえ、見えたと信じている」のだそうです。[4]

サン・ルーのお菓子

万が一、ルー・ガルーが現れないとも限りませんから、どう
やって身を護るか知っておいたほうがよいでしょう。昔から
伝わるレシピに、サン・ルーのお菓子があります。[5]

材料 *Ingrédients*

- 上質な小麦粉
- ライムギの粉
- オオムギの粉
- 卵3個

1. 同量の3種類の粉（小麦、ライムギ、オオムギ）を混ぜ、
   卵3個と塩3つまみを加える。
2. 生地をこねて三角形にのばす。
   穴を5つ（キリストの聖痕）あける。
3. このお菓子を、最初に出会った貧しい人に与える。

注意！：このお菓子をつくるのは、7月29日の夜、日が昇る
前に限られます。さもないと、魔法は効きません。

Loup démon

狼の姿をした悪魔

17世紀の魔術書『レメゲトン』によると、アモン（アーモン）は序列26番の悪魔で、口から炎を吐き、40の悪魔の軍団を率いる有力な侯爵です。

体は狼ですが蛇の尾があり、ときにはフクロウの頭に鋭い歯をもつ人間の姿になることも。「過去と未来」に通じ、仲たがいをした友人を仲直りさせることができるとの評判です。[6]

Potions magiques

魔法の飲みもの

魔術書(グリモワール)には、あとどのくらい秘密が隠されているのでしょうか。狼の肉はおいしそうには見えませんが、過去には、病気を治し、幸運を呼ぶ効果があると称していました。乾燥させた狼の肝臓は、頭痛といぼに効くといわれました。狼の歯は疫病神から護り、活力を与えてくれるとの評判でしたので、とりわけ馬が疲れないように、首のまわりをそれでなでていました。子どもにも同じようにすると、じょうぶな歯が生え、臆病な子にならないとか。また、狼の皮を首まわりにつけていると幸せな恋ができるそうです。[7]

le merle

界 *Règne*:	
動物界	
綱 *Classe*:	
鳥綱	
目 *Ordre*:	
スズメ目	
科 *Famille*:	
ツグミ科	

クロウタドリ

　この大型のスズメ目ツグミ科の鳥（体長：約20cm）は、際立っ
た色彩が特徴です。クロウタドリ（*Turdus merula*）の牡の羽根は
漆黒で、嘴と眼の周囲のオレンジ色がかかった黄色とのコントラス
トが鮮やかです。牝は灰色を帯びたベージュや茶など、もっとくす
んだ色合いをしています（ひな鳥も同様）。

　ヨーロッパ大陸全域に生息し、家の垣根や庭を好むため、人
が住んでいるところから遠くない森のはずれに出没し、比較的単
独で行動します。昆虫やミミズを探して、よく地面を掻いています
が、サクランボや桑の実、リンゴ、ブドウ、オリーブ、サンザシな
どの実やキヅタなども食べます。春から秋にかけ、クロウタドリは
高いところにとまって、変化に富んだ美しい声で鳴きます。肉が
おいしいので、中世には収穫のあとに食べる食事のメニューに用
いられていました、今日なお、一部の地方ではこの鳥を採っても
よいことになっています。[1]

Merlin l'enchanteur

魔術師クロウタドリ

 伝説にあるブロセリアンドの森でクロウタドリを見かけたら
要注意です。鳥の中に、魔術師が隠れているかもしれません。
魔法使いは永遠不変ではなかったのでしょうか？

　アンブローズ、通称マーリン（「メルラン」とも呼ばれます）はクロウタド
リに変身します。実在の王子とも伝説の人物ともいわれますが、470年か
ら480年のあいだにウェールズの「小国」で、夢魔と魔法使いのあいだに
生まれたとのことです。「時が経つにつれ、ケルトの吟唱詩人またはドルイ
ド僧と親しくなり、[…] 金属に通じた占星術師、占い師、宮廷楽人など
を装っていました。とりわけ吟唱詩人が、マーリンのつくった魔法の剣（つるぎ）の
ことを歌っています」[2)]

Caym

カイム

悪魔書で「上級悪魔」に位置づけられているカイムは、クロウタドリの姿をした地獄の「大総裁」。人間に化けていることもあり、「すらりとした剣」を手に「燃え盛る炎」の中に現れます。弁舌の才で知られ、「地獄中、随一の詭弁家」。「百選錬磨の理論家」といえども、カイムの「論法」にはとても太刀打ちできないでしょう。

1517年、マルティン・ルターと論争。その後、ルターはローマ・カトリック教会の実践について『95か条の論題』を執筆し、宗教革命の火ぶたが切られたのでした。カイムはかつて天使でしたが、いまでは30の地獄の軍団を率いています。[3]

Le rat

界 Règne :
動物界
綱 Classe :
哺乳綱
目 Ordre :
ネズミ目
科 Famille :
ネズミ科

ネズミ

　世界中どの大陸にも生息しているネズミは、半夜行性の哺乳類。そのうちよく見られるのがクマネズミ（*Rattus rattus*）とドブネズミ（*Rattus norvegicus*）です。クマネズミはとがった鼻に、突き出た眼、無毛の透けるような耳、長い尾があります。通常、建物の上の階や農村に棲み、そこから納屋ネズミまたは野ネズミとも呼ばれます。ドブネズミは茶色い毛で密に覆われ、クマネズミよりも尾が短く、ずんぐりとした体型をしています。人間と同じく雑食性で、高いところに登るのは苦手のようです。そのため、建物の下の階や下水管などに棲みつきます。

　種を問わず、ネズミは繁殖力が高く、1匹の牝ネズミが7匹から14匹の子どもを年に4回から7回産みます。社会性が高く、1匹の牡に率いられ、群れをつくって行動します。

　人間からは、作物や建物に害を及ぼすことから嫌われ、伝染病を媒介することから恐れられていましたが、最近ではペットとしてかわいがられるように。飼育用に家畜化されたネズミの起源はドブネズミです。

Les meneurs de rat

ネズミ使い

かつて、フランスのノルマンディ地方には「ネズミ使い」がいて、ネズミとすれ違っても悪さをしないよう忠告していました。特にゆっくり歩いている人に注意が必要だったのは、「足を引きずっている人」は恐ろしい竜に変身するかもしれないといわれていたからでした。

また、「悪い魔法使い」が粘土をこねてネズミの人形をこしらえ、まじないを唱えながら上から息を吹きかけると、人形が動き出し、生きた数千匹の野ネズミになって魔法使いの命令に従うようになるとも伝えられています。こうした悪いネズミの群れを見かけた人は少なくありません。例えば、ネズミの大群を引き連れ、歩くのがやっとの物乞いとすれ違った農婦は、先頭の数匹のネズミは物乞いの木靴のすぐそばにいたと証言しています。[1]

La tour des rats

鼠の塔

ドイツのマインツといえば、ハットオ大司教を忘れるわけにはいきません。1704年、大飢饉が起こったとき、この簒奪者は住民に食べものを与えることを拒否したのでした。飢えた人びとは大司教の居城の周囲に集まり、パンを要求します。収穫された小麦はすべて、この聖職者が独占していたからです。要求を拒否されても、貧しい人びとは宮殿の前を動きません。すると、大司教は弓矢で武装した歩兵で人びとを取り巻き、穀物倉に閉じこめた挙げ句、「倉に火をかけた」のです。ヴィクトル・ユゴーは『ライン河幻想紀行』（1842年）の中で「石も泣き出すような光景だった」と書いています。絶望に駆られた哀れな人びとが泣き叫ぶ中、ハットオは笑みを浮かべ、「鼠がちゅうちゅう鳴いているのかな?」とうそぶいたと伝えられています。

翌日、そこにはもはや灰しか残っておらず、「町は荒涼として死に絶えたようになって」いました。「ところが、そのとき、とつぜん、[…] 無数の鼠が […] 地中からはいだし、通りを、宮殿を、埋めつくしていった」のです。逆上したハットオは宮殿に立てこもるものの、「鼠たちは城壁を乗り越えて」追ってきます。大司教はやむなくライン河の中州に建つ塔に逃げこみますが、鼠たちは泳いで河を渡り、「塔によじ登り、扉を、屋根を、窓をかじって、ついに唾棄すべき大司教の隠れている地下牢へたどり着くと、そこで大司教を生きたままむさぼり食ってしまった」ということです。

この日から、鼠の塔（Mäuseturm）は呪いにつきまとわれるようになりました。夜、ときとして「地獄の業火の煙にも似た赤い水蒸気が立ち昇るのが見え」、人びとはハットオの魂がこの世に戻ってきたと噂したものでした。[2)]

参考:『ライン河幻想紀行』榊原晃三訳、岩波文庫

Le renard

界 *Règne*
動物界
綱 *Classe*
哺乳綱
目 *Ordre*
食肉目
科 *Famille*
イヌ科

狐

　イヌ科のアカギツネ（*Vulpes vulpes*）は赤茶の毛に、胸、腹、耳の中、尾の先端が白く、足が黒い色をしています。人里から遠くない森に棲み、「ずる賢いことで知られ […] 鶏などの家禽の鳴き声に耳をすまし […]、吠え、鋭い声を上げたかと思うとクジャクのように悲しげに鳴く。

　垣を越えるか、もぐりこむことに成功したら、わき目もふらずに鶏小屋に向かい、荒らし、すべての家禽を殺したのち、優雅に撤退してくわえた獲物を巣に隠す」とビュフォンは書いています。[1]

　森では小獣やげっ歯類、蛇、トカゲ、ヒキガエルを餌にしていますが、食べるものがなければ、死肉さえ口にします。

RED FOX

Protection

家を護る

、狐を遠ざけて住まいを魔女か
るため、家や鶏小屋の付近に沸
たミルクの入った鍋を置くことが
られました。その場合、ミルクの
収穫と死の象徴である鎌を入れ
することを忘れてはなりません。

Éloigner le mauvais œi

不幸を退ける

狐が鶏を襲いに来るのを防ぐのに、昔の人は謝肉祭の日にアン
ドゥイユ〔注：豚などの臓物を詰めたソーセージ〕のブイヨンを小
作地の周辺に振りかけることを勧めていました。また、「狐の血
を塗ったヒトデを扉の上などにブロンズの釘で打ちつけておく」とよいとも
いわれていました。そうすることで、「呪い」が家に入ってくるのを防ぎ、
無効にすることができたのです。2)

Eurynome

エウリノーム

　狐の皮をまとった「エウリノームは死のプリンス」で、「地獄の帝国の最高君主ベルゼビュート」によって創設された「大綬章の蠅勲章」を叙されています。悪魔学者たちによると、死体や腐肉を食べる嫌悪を催させる存在です。この悪魔の上半身は傷だらけで、とがった長い歯があり、その姿をいっそう恐ろしいものにしています。[3]

Médications

狐の薬

12世紀から17世紀にかけて、動物由来の薬剤は、民間の薬局でよく処方されていました。「狐の腎臓を乾燥させ、蜂蜜を混ぜて砕いたもの」は局所用で扁桃腺に効き、「黒ワインに漬けた狐の肝臓または肺」は呼吸を楽にする効果がありました。また、結核性の腫瘍の場合は、狐の睾丸をただれた瘻孔に塗布する治療がお勧めでした。H. ブルトンによれば、胸を狐の睾丸で湿布すると生理痛が軽減され、丹毒で皮膚が炎症を起こして赤く腫れたときは、「狐の舌を引っこ抜き、聖ローズに捧げたのち、患部に当てる」とよいそうです。[4]

107

Le renard et la Lune

月の狐

昔、「ペルーの人」は月を称える風習がありました。これらの人びとにとって、月は「太陽の姉妹または妻」、そして「インカ族」の母でもありました。月の面（おもて）に認められる黒い模様は、「天に昇った」狐の仕業で、黄金色に輝く天体にキスをして、このうえなく強く抱きしめたため、その跡が残っているのだそうです。[5]

薬剤師の店

フランス王アンリ4世の主治医ジャン・ド・ルヌーの時代（16～17世紀）、「薬剤師」の店は、よい匂いがするとはとてもいえませんでした。薬局には美しく飾られた箱がずらりと並び、その中に入っているのは動物の有機物（灰、脂、乾燥させた内臓、紐状の皮、毛、歯等々……）で、蓋の上には、「サテュロスと角を生やした野ウサギ」などの愉快な絵が描いてありました。箱の中に隠された処方薬中、もっとも一般的だったのは肺結核を適応とする「狐の肺」で、調合したものを2分の1オンスあたり8スー〔注：スーは古いお金の単位〕で売っていました。[6]

La salamandre

界 Règne
動物界
綱 Classe
両性綱
目 Ordre
有尾目
科 Famille
イモリ科

火トカゲ

　かつて地球上の至るところに存在した生物の生き残りである火ト
カゲ（ファイアサラマンダー、*Salamandra salamandra*）は、体
長20cmほどの両生類で、古い城壁の下や、山間の透き通った冷
たい急流付近で見かけます。昼間は石の下に隠れ、昆虫やナメク
ジやミミズを食べ、出てくるのは夜、または雨の日に限られます。

　滑らかな表皮で覆われた黒くて平たい体には、オレンジ色の斑
点や縞の模様があり、がっしりとした足、トカゲのような長い尾をし
ています。さらに、頭の後ろには三日月形の毒腺が2列に並んで
います。火の危険が迫ると、皮膚から分泌する乳白色の毒液を発
射して炎の勢いを弱めますが、完全に消し止めるには至りません。

　何よりも驚かされるのは、体の再生能力です。傷つけられたり切
断されたりしても、四肢、尾、眼、顎、脊髄は元に戻ります。こう
した他に例を見ない性質があることから、昔の人は火トカゲを不死
の生きものだと考えていました。[1]

Des pouvoirs sans précédent

類を見ぬ力

火と氷を操るこの生きものには、多くの物語があります。この
トカゲは火を自由にできるばかりか、敵に向かって炎を吐くこ
とができるといわれ、火中に放りこめば、そのまま火を燃やし
続けることも、冷たい体で消し止めることも可能です。火トカゲの血で手
や服をこする人は、火傷や火が飛び移るのを防ぐことができるでしょう。
火トカゲの血は、卵の白身と混ぜるとさらなる効力を発揮します。[2]

テュアナのアポロニオス

ピタゴラスの哲学者、テュアナのアポロニオスは、
1世紀の初めにトルコのカッパドキアで生まれまし
た。母親は悪魔によって妊娠を知らされ、当時、
異端とみなされていたカバラ学者の言(げん)を信ずるな
らば、父親は火トカゲだとか。アポロニオスが誕
生したときは、白鳥の唄と雷鳴に迎えられたそう
で、その人生は「奇跡の連続」でした。[3]

Cartomancie

トランプ占い

14世紀以降、「トランプで運命を占う」ことは魔術の実践の
ひとつに数えられ、魔法学者の中には「トランプで塔をつくる
人は魔法使いだ」とか「トランプをもっている人は悪魔をつか
んでいる」と言う人もいました。

　カバラ学者にとってトランプは四大元素を表し、その中で「ダイヤは火
トカゲ」でした。[4]

Poison de sorcière

❧◆◆❧

魔女の毒

ルネサンス初期、動物に関して人がもっている知識の大半は、もっと古い時代の書物（プリニウス、アリストテレス……）に基づいていました。それらの知識は、迷信がたっぷり盛りこまれた魔術書（グリモワール）でも引用され、魔法使いのいかがわしい取引きに貢献していました。

魔法使いは「不可解な魔法を操る」呪術を極める過程で、「悪事をはたらく有毒な動物」と称される火トカゲの頭を使って「魔法の薬」を調合していました。「この動物は有害な悪影響を周囲にまき散らすため、火トカゲが登った木の果実はすべて汚染され、それを食べた人は低温で死に至る」のだそうです。豚が火トカゲを呑みこんで何も問題が起きなかったとしても、その豚を食べた人は毒に当たって突然死する」といわれていました。[5]

Démon du feu

火の悪魔

クキュラスは小さな悪魔。悪魔学者によると、ウルカヌスの
鍛冶場から女神プリミゲニア（ユピテルの乳母）崇拝で有名
な都市プラエネステまで飛んでいった火花から生まれ、野生
の獣に拾われ、育てられたといわれています。

　しかし、カバラ学者は、クキュラスが炎を自在に操り、小さな眼がその
煙で赤くなっていることから、火トカゲにちがいないと主張していました。[6]

le serpent

界 *Règne*:
動物界
綱 *Classe*:
爬虫綱
目 *Ordre*:
有鱗目

蛇

　『創世記』の昔から蛇は悪の象徴で、音もなく獲物に近づくとされていました。この爬虫類に足はありませんが、強靱な筋肉を収縮させて背骨につながった肋骨を動かし、円筒型の長い体をくねらせながら進みます。耳がないので空中の物音は知覚できませんが、透明な膜で覆われた眼に瞼はなく、いつ何時たりとも警戒を怠りません。

　蛇の多くは、顎の前か後ろに歯が変化した毒のある牙を備えています。この恐ろしい武器で噛まれたが最後、哀れな獲物は体が麻痺し、場合によっては死に至ることも。蛇はげっ歯類、カエル、鳥、トカゲを食べ、通常、丸呑みにします。寿命は約20年で、そのあいだに数回脱皮します。

　フランスの草原や石の多い土地でよく見る種は、犬のような丸い眼をしたヨーロッパヤマカガシなど、無毒の蛇です。怖いのは致死性の毒をもつクサリヘビ。見分けるコツは、暗色のV字模様が入った三角形の頭部と、猫の眼を思わせる細い瞳孔です。[1]

Prédateurs géants

巨大な捕食動物

巨大な体躯をした蛇もいます。既知の種では、ティタノボアが史上最大です。コロンビアで発見された約1000万年前の化石は、長さ14メートル、重さ2トンに達していました。

　これほどではありませんが、熱帯地方では驚くほど大きな蛇にお目にかかれます。例えば、ボアは体長4メートル、人間をも食すといわれるアナコンダやニシキヘビは10メートルに及びます。ほかの蛇とちがって毒はありません。獲物を捕らえると、これらの蛇は体に巻きついて窒息させます。

Haborym ou Aym

ハボリム、またの名をアイム

火事を司る悪魔アイムは、猫とクサリヘビ、顎と口にひげを
たくわえ、燃える髪をした人間の3つの頭があるのですぐにわ
かります。この地獄の公爵は、火を灯した松明を手に、蛇の
背にまたがって現れます。地獄の26の軍団を指揮し、都市や戦場に松明
の火を放って滅ぼすのです。[2]

Cosmologie hindoue

ヒンズー教の宇宙論

その名はシェーシャ、「休息」または「永遠」を意味します。
インド神話に登場する、緋色の炎と燃える5つの頭のあるこの蛇
（またはナーガ）は、インドの最高神ヴィシュヌとともに描かれる
ことが多く（とぐろの上に乗っています）、宇宙が終焉を迎えた
あとに残るものを象徴し、いまも天と地を支えています。

Bon génie

善き霊

エジプト人は人間の姿をした蛇の神を崇拝していました。ドラゴンや翼のある蛇と同様、善き霊のひとりです。[3]

Astrologie chinoise

中国の占星術

干支で6番目に位置する蛇は、思慮深く、教養のある、洗練された人の象徴。疑い深く、何を命じられても容易に信じることはなく、置かれた状況をみずから判断し、自分の力でコントロールしようとします。おしゃべりを好まず、秘密を守り、寡黙です。

東洋では智慧と一貫性と炯眼（けいがん）の象徴。人を魅了し、アドバイザーとして期待に応えようとしますが、人につけこまれたり、抵抗されたりするのを嫌います。芸術とファッションと園芸をこよなく愛しています。

Le péché originel

原罪

『創世記』中、「主なる神が造られた野の生き物のうちで、最も賢いのは蛇」で、エバに禁断の果実を取って食べることを勧めたのは蛇でした。

神がそれを非難すると、エバは「蛇がだましたので、食べてしまいました」と答えます。神はお怒りになり、「このようなことをしたお前はあらゆる家畜、あらゆる野の獣の中で呪われるものとなった。お前は生涯這いまわり、塵を食らう」と蛇に言ったのでした。[3]

参考：『聖書 新共同訳』日本聖書協会

Sources bibliographiques

参考文献

蜘蛛

1./4. *La géographie sacrée et les monuments de l'histoire sainte*, Joseph-Romain Joly.
2./3./5. *La médecine des pierres précieuses de sainte Hildegarde*, Dr Gottfried Hertzka et Dr Wighard Strehiow, éd. Résiac.
ゴトフリート・ヘルツカ、ヴィガート・シュトレーロフ『聖ヒルデガルトの治療学：中世ドイツの薬草学の祖が説く心と魂の療法』飯嶋慶子訳、フレグランスジャーナル社、2013年
6. *Pharmacopée universelle contenant toutes les compositions de pharmacie qui sont en usage dans la médecine*, Nicolas Lemery, 1764.
7./8. *Dictionnaire infernal, ou Répertoire universel des êtres, des personnages, des livres, des faits et des choses qui tiennent aux apparitions, à la magie, au commerce de l'enfer, aux démons, aux sorciers, aux sciences occultes...*, Jacques-Albin-Simon Collin de Plancy, 1844.
コラン・ド・プランシー『地獄の辞典』床鍋剛彦訳、講談社、1990年

イタチ

1. *Buffon de la jeunesse : histoire naturelle des mammifères, des oiseaux, des reptiles et des poissons*, Comte de Buffon, 1864.
2./3. *Dictionnaire infernal, ou Répertoire universel des êtres, des personnages, des livres, des faits et des choses qui tiennent*

aux apparitions, à la magie, au commerce de l'enfer, aux démons, aux sorciers, aux sciences occultes...*, Jacques-Albin-Simon Collin de Plancy, 1844.
コラン・ド・プランシー『地獄の辞典』床鍋剛彦訳、講談社、1990年

牡ヤギ

1./2./4./5. *Dictionnaire infernal, ou Répertoire universel des êtres, des personnages, des livres, des faits et des choses qui tiennent aux apparitions, à la magie, au commerce de l'enfer, aux démons, aux sorciers, aux sciences occultes...*, Jacques-Albin-Simon Collin de Plancy, 1844.
コラン・ド・プランシー『地獄の辞典』床鍋剛彦訳、講談社、1990年
3. *Lévitique*, Torah. 『レビ記』
『聖書 新共同訳』日本聖書協会、1987年
6. *Histoire Naturelle de Pline*, Pline l'Ancien 1877.
『プリニウスの博物誌』中野定雄、中野里美、中野美代訳、雄山閣
7. *De re rustica*, Columelle

亀

1./2./3. *Le nouveau Buffon de la jeunesse ou Précis élémentaire de l'Histoire naturelle à l'usage des jeunes gens des deux sexes*, Comte de Buffon, 1817.
4./7. *Dictionnaire infernal, ou Répertoire universel des êtres, des personnages, des livres, des faits et des choses qui tiennent aux apparitions, à la magie, au commerce de l'enfer, aux démons, aux sorciers, aux sciences occultes...*, Jacques-Albin-Simon Collin de Plancy, 1844.
コラン・ド・プランシー『地獄の辞典』床鍋剛彦訳、講談社、1990年
5. *Le Livre des subtilités des créatures divines*, Hildegarde de Bingen.
6. *Anthologie du cerf*, Jean-Paul Grossin et Antoine Reille, éditions Hatier,1992.

猫

1. *La philosophie occulte de Henri Corneille Agrippa*, Henri Corneille Agrippa, 1727.
2. *Le petit livre des porte-bonheurs*, Caroline et Martine Laffon, éd. du Seuil, 2005.
3./4./5. *Dictionnaire infernal, ou Répertoire universel des êtres, des personnages, des livres, des faits et des choses qui tiennent aux apparitions, à la magie, au commerce de l'enfer, aux démons, aux sorciers, aux sciences occultes...*, Jacques-Albin-Simon Collin de Plancy, 1844.
コラン・ド・プランシー『地獄の辞典』床鍋剛彦訳、講談社、1990年

コウモリ

1. *La nature*, collectif, Éd. du Cercle d'Art, 1981.
2./4. *Revue des Traditions Populaires*, 1903
3. *Histoire Naturelle de Pline*, Pline l'Ancien, 1877.
『プリニウスの博物誌』中野定雄、中野里美、中野美代訳、雄山閣

馬

1./3. *Dictionnaire infernal, ou Répertoire universel des êtres, des personnages, des livres, des faits et des choses qui tiennent aux apparitions, à la magie, au commerce de l'enfer, aux démons, aux sorciers, aux sciences occultes...*, Jacques-Albin-Simon Collin de Plancy, 1844.
コラン・ド・プランシー『地獄の辞典』床鍋剛彦訳、講談社、1990年
2. *Le Ménagier de Paris, Traité de morale et d'économie domestique* composé vers 1393.
2. *Le cheval dans le monde médiéval*, Marie-Thérèse Lorcin, Presses universitaires de Provence, 1992.
2. *Recettes médicales alchimiques et astrologiques du xve siècle en langue vulgaire des Pyrénées*, Clovis Brunel, 1956.
2. *Dictionnaire d'agriculture pratique*, Pierre Joigneaux

犬

1. *Zoophilie, ou sympathie envers les*

animaux, Henri Lautard, 1909.
2./4. *Dictionnaire infernal, ou Répertoire universel des êtres, des personnages, des livres, des faits et des choses qui tiennent aux apparitions, à la magie, au commerce de l'enfer, aux démons, aux sorciers, aux sciences occultes...*, Jacques-Albin-Simon Collin de Plancy, 1844.
コラン・ド・プランシー『地獄の辞典』床鍋剛彦訳、講談社、1990年
3. *La mandragore*, Jean Lorrain.
5. *Histoire Naturelle de Pline*, Pline l'Ancien, 1877.
『プリニウスの博物誌』中野定雄、中野里美、中野美代訳、雄山閣

フクロウ

1./2. *Dictionnaire infernal, ou Répertoire universel des êtres, des personnages, des livres, des faits et des choses qui tiennent aux apparitions, à la magie, au commerce de l'enfer, aux démons, aux sorciers, aux sciences occultes...*, Jacques-Albin-Simon Collin de Plancy, 1844.
コラン・ド・プランシー『地獄の辞典』床鍋剛彦訳、講談社、1990年
1.*Histoire Naturelle de Pline*, Pline l'Ancien, 1877.
『プリニウスの博物誌』中野定雄、中野里美、中野美代訳、雄山閣
3./4. *La création métaphorique en français et en roman : images tirées du monde des*

animaux domestiques, Lazare Sainean.
4. *Dictionnaire classique d'histoire naturelle*, Bory de Saint-Vincent.

カラス

1. *La philosophie occulte de Henri Corneille Agrippa*, Henri Corneille Agrippa, 1727.
2. *Histoire Naturelle de Pline*, Pline l'Ancien, 1877.
『プリニウスの博物誌』中野定雄、中野里美、中野美代訳、雄山閣
3. *Sorcellerie en Auvergne*, Hugues Berton.
4. *Dictionnaire infernal, ou Répertoire universel des êtres, des personnages, des livres, des faits et des choses qui tiennent aux apparitions, à la magie, au commerce de l'enfer, aux démons, aux sorciers, aux sciences occultes...*, Jacques-Albin-Simon Collin de Plancy, 1844.
コラン・ド・プランシー『地獄の辞典』床鍋剛彦訳、講談社、1990年
5. *Revue des traditions populaires*, 1886.

ヒキガエル

1. *Secrets et remèdes éprouvés par l'abbé Rousseau*, Rousseau, 1718.
2. *Histoire Naturelle de Pline*, Pline l'Ancien, 1877.
『プリニウスの博物誌』中野定雄、中野里美、中野美代訳、雄山閣

竜

1./3./4./5./7. *Dictionnaire infernal, ou Répertoire universel des êtres, des personnages, des livres, des faits et des choses qui tiennent aux apparitions, à la*

magie, au commerce de l'enfer, aux démons, aux sorciers, aux sciences occultes..., Jacques-Albin-Simon Collin de Plancy, 1844.
コラン・ド・プランシー『地獄の辞典』床鍋剛彦訳、講談社、1990年

2.*La Bible*, Ancien Testament『旧約聖書』『聖書 新共同訳』日本聖書協会、1987年

5. *Ko-ji Hô-ten : dictionnaire à l'usage des amateurs et collectionneurs d'objets d'art japonais et chinois*, Victor-Fréd éric Weber.

5. *La double astrologie*, Suzanne White, 1985

6. *Dictionnaire d'histoire et de géographie du Japon*, Edmond Papinot, 1906.

6. *Etudes franciscaines*, Ordre des frères mineurs capucins, 1906.

6. *Instantanes d'Extrême-Asie*, Henri Mylès, 1913.

6. *Kami yo-no maki, Histoire des dynasties divines*, Léon de Rosny, 1884.

Panckoucke et Jacques Thévin, 1782.

2. *Les vrais secrets de la magie noire*, Alexandre Legran, 1900

2. *La philosophie occulte de Henri Corneille Agrippa*, Henri Corneille Agrippa, 1727.

3. *Dictionnaire infernal, ou Répertoire universel des êtres, des personnages, des livres, des faits et des choses qui tiennent aux apparitions, à la magie, au commerce de l'enfer, aux démons, aux sorciers, aux sciences occultes...*, Jacques-Albin-Simon Collin de Plancy, 1844.
コラン・ド・プランシー『地獄の辞典』床鍋剛彦訳、講談社、1990年

2.*Ancien Testament.*『旧約聖書』『聖書 新共同訳』日本聖書協会、1987年

3. *Coran*, sourate XXVII 『コーラン』

3. *Bible*, Chroniques 9:1 『歴代誌』『聖書 新共同訳』日本聖書協会、1987年

4. *Mantiq-al-Tayr*, Farid Uddin, Attar, traduction fraçaise de Sylvestre de Sacy parue en 1821 dans *Nerval et le langage des oiseaux* de Jacques Buenzod.

ハリネズミ

1. *Buffon de la jeunesse : histoire naturelle des mammifères, des oiseaux, des reptiles et des poissons*, Comte de Buffon, 1864.

2. *Histoire Naturelle de Pline*, Pline l'Ancien, 1877.
『プリニウスの博物誌』中野定雄、中野里美、中野美代訳、雄山閣

3. *Journal d'agriculture traditionnelle et de botanique appliquée*, Françoise Burgaud, 1996.

ヤツガシラ

1. *Encyclopédie Méthodique – Histoire naturelle des animaux*, Charles-Joseph

狼

1./2./4./7. *L'homme et le loup*, Daniel Bernard, 1983.

1. *Le loup*, Maurice Dupérat, éd. Artémis, 2005.

3. *Procès-verbaux des séances de la Société académique d'agriculture, des sciences, arts et belles-lettres du*

département de l' Aube, 1983.
5. *Les loups – petit dictionnaire des loups monstrueux et démoniaques*, Paul-Emile Victor.
6. *Dictionnaire infernal, ou Répertoire universel des êtres, des personnages, des livres, des faits et des choses qui tiennent aux apparitions, à la magie, au commerce de l'enfer, aux démons, aux sorciers, aux sciences occultes...*, Jacques-Albin-Simon Collin de Plancy, 1844.
コラン・ド・プランシー『地獄の辞典』床鍋剛彦訳、講談社、1990年

ネズミ
1. *Par ci, par là. Etudes normandes de moeurs et d'Histoire*, paru en 1927.
2. *Le Rhin*, Victor Hugo, 1842.
ヴィクトル・ユゴー『ライン河幻想紀行』榊原晃三訳、岩波文庫、1985年
2. *Dictionnaire infernal, ou Répertoire universel des êtres, des personnages, des livres, des faits et des choses qui tiennent aux apparitions, à la magie, au commerce de l'enfer, aux démons, aux sorciers, aux sciences occultes...*, Jacques-Albin-Simon Collin de Plancy, 1844.
コラン・ド・プランシー『地獄の辞典』床鍋剛彦訳、講談社、1990年

クロウタドリ
1. *Encyclopédie Méthodique – Histoire naturelle des animaux*, Charles-Joseph Panckoucke et Jacques Thévin, 1782.
1. *Buffon de la jeunesse : histoire naturelle des mammifères, des oiseaux, des reptiles et des poissons*, Comte de Buffon, 1864.
2. *Légende-histoire : les aboyeuses de Josselin, combat des Trente, Du Guesclin, Merlin l'enchanteur, Arthur de Bretagne*, Louis Hamon, 1891.
3. *Dictionnaire infernal, ou Répertoire universel des êtres, des personnages, des livres, des faits et des choses qui tiennent aux apparitions, à la magie, au commerce de l'enfer, aux démons, aux sorciers, aux sciences occultes...*, Jacques-Albin-Simon Collin de Plancy, 1844.
コラン・ド・プランシー『地獄の辞典』床鍋剛彦訳、講談社、1990年

狐
1. *Buffon de la jeunesse : histoire naturelle des mammifères, des oiseaux, des reptiles et des poissons*, Comte de Buffon, 1864.
2./4. *Histoire Naturelle de Pline*, Pline l' Ancien, 1877.
『プリニウスの博物誌』
中野定雄、中野里美、中野美代訳、雄山閣
3./5. *Dictionnaire infernal, ou Répertoire universel des êtres, des personnages, des livres, des faits et des choses qui tiennent aux apparitions, à la magie, au commerce de l'enfer, aux démons, aux sorciers, aux*

sciences occultes..., Jacques-Albin-Simon Collin de Plancy, 1844.
コラン・ド・プランシー『地獄の辞典』床鍋剛彦訳、講談社、1990年
9. *Curiosités de l'histoire des remèdes, comprenant des recettes employées au Moyen Age dans le Cambrésis*, Dr Hyacinthe Coulon, 1892.

トカゲ

1. *Animaux de tous les pays*, Jana Horáckova, Gründ, 1980.
1. *La nature*, collectif, Ed. du Cercle d'Art, 1981
1. http://www.futura-sciences.com/magazines/sante/infos/actu/d/medecine-macrophages-secretregeneration-salamandre-46577/
1. *Encyclopédie Méthodique – Histoire naturelle des animaux*, Charles-Joseph Panckoucke et Jacques Thévin, 1782.
2. *Les hiéroglyphiques de Jan Pierre Valerian, vulgairement nommé Pierus*, Giovan Pietro Perio Valerano et Coelius Augustinus Curio, 1615.
2. *Histoire des animaux*, Aristote
『動物誌』島崎三郎訳、岩波文庫、1998年
3./4. *Dictionnaire infernal, ou Répertoire universel des êtres, des personnages, des livres, des faits et des choses qui tiennent aux apparitions, à la magie, au commerce de l'enfer, aux démons, aux sorciers, aux sciences occultes...*, Jacques-Albin-Simon Collin de Plancy, 1844.

コラン・ド・プランシー『地獄の辞典』床鍋剛彦訳、講談社、1990年
5. *Curiosités de l'histoire des remèdes, comprenant des recettes employées au Moyen Age dans le Cambrésis*, Dr Hyacinthe Coulon, 1892.
6. *Encyclopaedia Universalis*.
『ユニヴェルサリス百科事典』

蛇

1./2. *Dictionnaire infernal, ou Répertoire universel des êtres, des personnages, des livres, des faits et des choses qui tiennent aux apparitions, à la magie, au commerce de l'enfer, aux démons, aux sorciers, aux sciences occultes...*, Jacques-Albin-Simon Collin de Plancy, 1844.　コラン・ド・プランシー『地獄の辞典』床鍋剛彦訳、講談社、1990年
3. *La Genèse*, chapitre III, 1-14　『創世記』
『聖書 新共同訳』日本聖書協会、1987年
3. *La Bible de Gustave Doré*, éditions Edita, 1994　『名画でたどるバイブル』一橋出版、2002年

邦訳に際し参考にした文献

・『聖書 新共同訳』日本聖書協会、1987年

・ コラン・ド・プランシー『地獄の辞典』床鍋剛彦訳、講談社、1990年

・ ヴィクトル・ユゴー『ライン河幻想紀行』榊原晃三訳、岩波文庫、1985年

Légendes
イラストキャプション

Page 90

...ハミルトン・スミスのリトグラフ
図鑑『ナチュラリスツ・ライブラリー（犬）』
839年、編集：ウィリアム・ジャーディン卿、
出版：H.リザース、エディンバラ
　スコットランド）

Page 91

ローマ市の紋章
（牝狼、ロムルスとレムス）
リトグラフ（1900年）

Page 92

レブランによるルー・ガルー（18世紀）

Page 95

アモンまたはアーモン、
地獄の帝国の有力な大侯爵
L.ブルトンによる挿絵
〔コラン・ド・プランシー（1793-1887）
『地獄の辞典』1863年〕

Page 96

大きな歯のある年老いた魔女、
暖炉で飲みものを沸かしている
版画（作者、年代不詳）

Page 98

ふたりの連れを従えた魔術師クロウタドリ、
オレンジ色のケープを着て羽根のついた
帽子を被っている
H.ド・ボロン（1352-1362）
『ライオンの騎士メリアドゥス』
（大英図書館）

Page 99

カイム：上級悪魔、地獄の大総裁、
ふだんはクロウタドリの姿をしている
L.ブルトンによる挿絵
〔コラン・ド・プランシー（1793-1887）
『地獄の辞典』1863年〕

Page 101

ネズミ：Mus tumidus
フィッツロイ艦長率いるビーグル号で
1832〜1836年に航海中、
チャールズ・ダーウィンが描写（チャールズ・
ダーウィン編／監修『ビーグル号航海の
動物学』Part I、1838年）

Page 103

エーレンフェルス城と鼠の塔
リービッヒ社のクロモカード・シリーズ
「ライン河流域の城」1933年

Page 105

「煮え立つ鍋に蠅は飛びかからない」
グランヴィル（1803-1847）による挿絵
（『百のことわざ』1845年）

Page 106

エウリノーム：上級悪魔、死のプリンス、
傷だらけの体に狐の皮をまとっている
L.ブルトンによる挿絵
〔コラン・ド・プランシー（1793-1887）
『地獄の辞典』1863年〕

133

Index
索引

著者

Denise Crolle-Terzaghi

ドゥニーズ・クロール＝テルツァーギ

作家、アーティスト。数々の著作があり、動物をこよなく愛し、人間の集団的記憶の探求に情熱を注いでいる。本を書き、絵画、コラージュ、リトグラフなどの複数のメディアを駆使して創作活動を展開している。

ひみつの本棚シリーズ

魅惑の蘭事典
世界のオーキッドと秘密の物語
ISBN:978-4-7661-3422-3

神秘のユニコーン事典
幻獣の伝説と物語
ISBN:978-4-7661-3522-0

禁断の毒草事典
魔女の愛したポイズンハーブの世界
ISBN:978-4-7661-3649-4

月夜の黒猫事典
知られざる歴史とエピソード
ISBN:978-4-7661-3787-3

魔女の秘薬事典
忌々しくも美しい禁断のハーブ
ISBN:978-4-7661-3788-0

夢幻の動物事典
～魔法の生きものか、それとも悪魔か～

2024年 7月25日　初版第1刷発行	制作スタッフ
2024年10月25日　初版第2刷発行	翻訳　いぶきけい
	組版・カバーデザイン　神子澤知弓
著　者　ドゥニーズ・クロール＝テルツァーギ	編集　金杉沙織
（© Denise Crolle-Terzaghi）	制作・進行　南條涼子（グラフィック社）

発行者　津田淳子
発行所　株式会社グラフィック社
　　　　〒102-0073
　　　　東京都千代田区九段北1-14-17
　　　　Phone 03-3263-4318
　　　　Fax 03-3263-5297
　　　　https://www.graphicsha.co.jp

乱丁・落丁はお取り替えいたします。
本書掲載の図版・文章の無断掲載・借用・複写を禁じます。
本書のコピー、スキャン、デジタル化等の無断複製は
著作権法上の例外を除き禁じられています。
本書を代行業者等の第三者に依頼してスキャンや
デジタル化することは、たとえ個人や家庭内であっても、
著作権法上認められておりません。

ISBN 978-4-7661-3928-0　C0070
Printed in China